U0158012

Geological Stories on the Long March

长征路上的地质故事

刘青松　著

SPM 南方传媒
广东科技出版社
全国优秀出版社
·广州·

图书在版编目（CIP）数据

长征路上的地质故事 / 刘青松著. —广州：广东科技出版社，2022.5（2022.6重印）
ISBN 978-7-5359-7837-0

Ⅰ.①长… Ⅱ.①刘… Ⅲ.①区域地质—中国—普及读物 Ⅳ.①P562-49

中国版本图书馆CIP数据核字（2022）第050882号

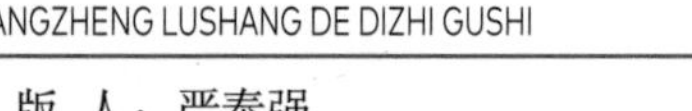

长征路上的地质故事
CHANGZHENG LUSHANG DE DIZHI GUSHI

出 版 人：严奉强
选题策划：严奉强　刘　耕
责任编辑：刘　耕
责任校对：于强强
责任印制：彭海波
出版发行：广东科技出版社
（广州市环市东路水荫路11号　邮政编码：510075）
销售热线：020-37607413
http://www.gdstp.com.cn
E-mail:gdkjbw@nfcb.com.cn
经　　销：广东新华发行集团股份有限公司
排　　版：创溢文化
印　　刷：广东鹏腾宇文化创新有限公司
（广东省珠海市高新区科技九路88号十栋　邮政编码：519000）
规　　格：889mm×1 194mm　1/32　印张4.625　插页4　字数100千
版　　次：2022年5月第1版
2022年6月第2次印刷
定　　价：39.80元

刘青松教授写出《长征路上的地质故事》这样一本书在我意料之中。

我仍然记得他在2016年底刚加入南方科技大学（以下简称“南科大”）的时候，就向我表达了在南科大组建科普团队的强烈意愿。后来他开创南方科普大讲堂、推出《青松读懂地球》科普公开课、出版科普图书《碳宝历险记》、组织召开全校一年一度的科普总结大会等，极大地推动了学校的科研成果传播、大众科普工作，并扩大了学校的社会影响力。青松教授对科普的投入深深打动了我，2020年我和他共同组织南科大的年轻教授们编写《十万个高科技为什么》，第一辑出版发行后，赢得了广泛好评，并荣获“广东省出版集团2021年度好书”，目前第三辑也将付梓，后续每年都有新书出版。青松教授用实践蹚出一条新的科学传播之路，不断地在科普界发出南科大之声。

科教兴国，已是全社会的广泛共识。早在2016年5月，习近平总书记就在“科技三会”（全国科技创新大会、两院院士大会、中国科协第九次全国代表大会）上强调：“科技创新、科学普及是实现创新发展的两翼，要把科学普及放在与科技创新同等重要的位置……把普及科学知识、弘扬科学精神、传播科学思想、倡导科学方法，作为义不容辞的责任，在全社会推动形成讲科学、爱科学、学科学、用科学的良好氛围，使蕴藏在亿万人民中间的创新智慧充分释放、创新力量充分涌流。”

《长征路上的地质故事》是从一个地球科学家的角度来解读长征这一部气壮山河的人类史诗的一次大胆尝试，在深层次了解长征路上充满艰难险阻的万水千山后，更能彰显出红军战士们浴血奋战、斩关夺隘、抢险飞渡、翻越雪山、跋涉草地的毅力、勇气和精神。从严格意义上讲，这是一本极具创新性的科普书。它一方面从地质角度诠释了红军跋涉千山万水、排除千难万险的艰苦卓绝的奋斗过程，一方面也强化了公众在学习历史的过程中对自然的深入理解和热爱。不得不说，这也是青松教授作为全国高校“双带头人”教师党支部书记工作室负责人在“党建+业务”双融双促创新模式下的创新实践。

2021年4月21日，南科大思政实践课程“重走长征路”主题分享会的画面出现在了中央电视台《新闻联播》中。当天，在“心怀‘国之大者’追求一流永无止境——习近平总书记在清华大学考察时发表的重要讲话引发热烈反响”的新闻中，播出了刘青松教授结合专业知识进行“重走长征路”之《长征路上的地质故事》主题分享时的场景。引起中央媒体关注的“重走长征路”是南科大党史学习教育多项活动之一，南科大师生奔赴遵义等革命老区重走长征路，重温峥嵘岁月，致敬红军将士。《长征路上的地质故事》是“重走长征路”书院特色思政实践课程的重要组成部分，书院特色思政实践课程包括“知”“行”“悟”三部分内容，通过主题讲座、现场教学、徒步体验、情景教学、讲演剧等形式，全方位、立体式呈现伟大的“长征精神”。在开展党史学习教育过程中，南科大以“沉浸式”学习体验增强学习效果，让师生浸润于红色文化中，培养学生“爱国上进、责任坚毅、崇礼尚美”的精神特质，涵养家国情怀，助推党史学习教育走深、走实、走心。

站在中国共产党成立100周年的历史交汇点上回望，从筚路蓝缕奠定基业再到创造辉煌开辟未来，中国共产党带领中国人民实现了中华民族从站起来、富起来到强起来的伟大飞跃。放眼世界，百年未有之大变局正在加速演进，我们将继续坚持立足实际、突出特色、守正创新，把学习党史同总结经验结合起来，同深化改革创新结合起来，同推动高质量发展结合起来，在学习中汲取开拓前进的强大勇气和力量，切实做到学党史、悟思想、办实事、开新局，以优异的成绩向伟大、光荣、正确的中国共产党致敬！

李凤亮

2022年3月

（李凤亮，南方科技大学党委书记、讲席教授，国家“万人计划”哲学社会科学领军人才，中宣部文化名家暨“四个一批”人才，广东省优秀社会科学家）

七律·长征

毛泽东

红军不怕远征难，万水千山只等闲。
五岭逶迤腾细浪，乌蒙磅礴走泥丸。
金沙水拍云崖暖，大渡桥横铁索寒。
更喜岷山千里雪，三军过后尽开颜。

五岭山脉、乌蒙山、金沙江、大渡桥、岷山，读着诗中一个又一个地理名词，我们禁不住想象漫漫长征路上的艰难险阻，领略红军战士的坚毅勇敢，以及他们对共产主义信仰的执着与追求。中国共产党领导的红军长征，从1934年秋到1936年10月，红一、红二、红四方面军在甘肃会宁胜利会师，历经两年余，行程几万里，真是气壮山河、艰苦卓绝、可歌可泣。

国内外无数文人学者曾从不同角度刻画和解读这一人类历史上的伟大壮举。美国记者埃德加·斯诺在《红星照耀中国》一书中，更把长征誉为“当今时代无与伦比的一次史诗般的远征”。然而，在诸多的文学作品和学术专著中，我们未曾读到过这样一本书，通过探讨长征路上的地质特征及其背后的形成机制，来解读长征作为一次战略大转移背后的深层次军事考量。

红军为什么宁愿付出巨大牺牲都要选择爬雪山、过草地？又为什么要跨越十一个省区，最终会师于中国西北部地区？事实上，红军的每一次防线构筑和辗转腾挪，背后都蕴藏着对地形地貌的深层考量；上述诗中山川河流的地质特征，皆是军事部署中的关键要素。

中华大地幅员辽阔，具有全世界最为复杂的地形地貌。在远古人类诞生之前的地质历史时期，东亚地区曾发生翻天覆地的地质演变：山脉隆升、盆地下陷、火山喷发……中华文明在沧海桑田变迁后的复杂地理格局中崛起，并绵延至今。万里长征，不仅是中国共产党发展史上的一座丰碑，红军战士和指挥员们在崎岖长征路上对中华地貌的亲历和探索，也为中华文明发展史谱写了浓墨重彩的篇章。

征途漫漫，危机四伏，终点难料，壮怀激烈；

雪山草地，千难万险，挡不住战士们的脚步；

飞机大炮，围追堵截，摧不垮革命者的信仰。

2022年是中国人民解放军建军95周年，回首长征路，荡气回肠。新的时代，新的长征，面临着百年未有之大变局，我们要秉承万里长征留下的丰厚精神文化遗产，脚踏实地，摸爬滚打，勇于探索，为中华民族伟大复兴，奉献青春、智慧和力量。

谨以此书，与读者共勉！

刘青松

2022年3月

长征路上的地质故事

目录

contents

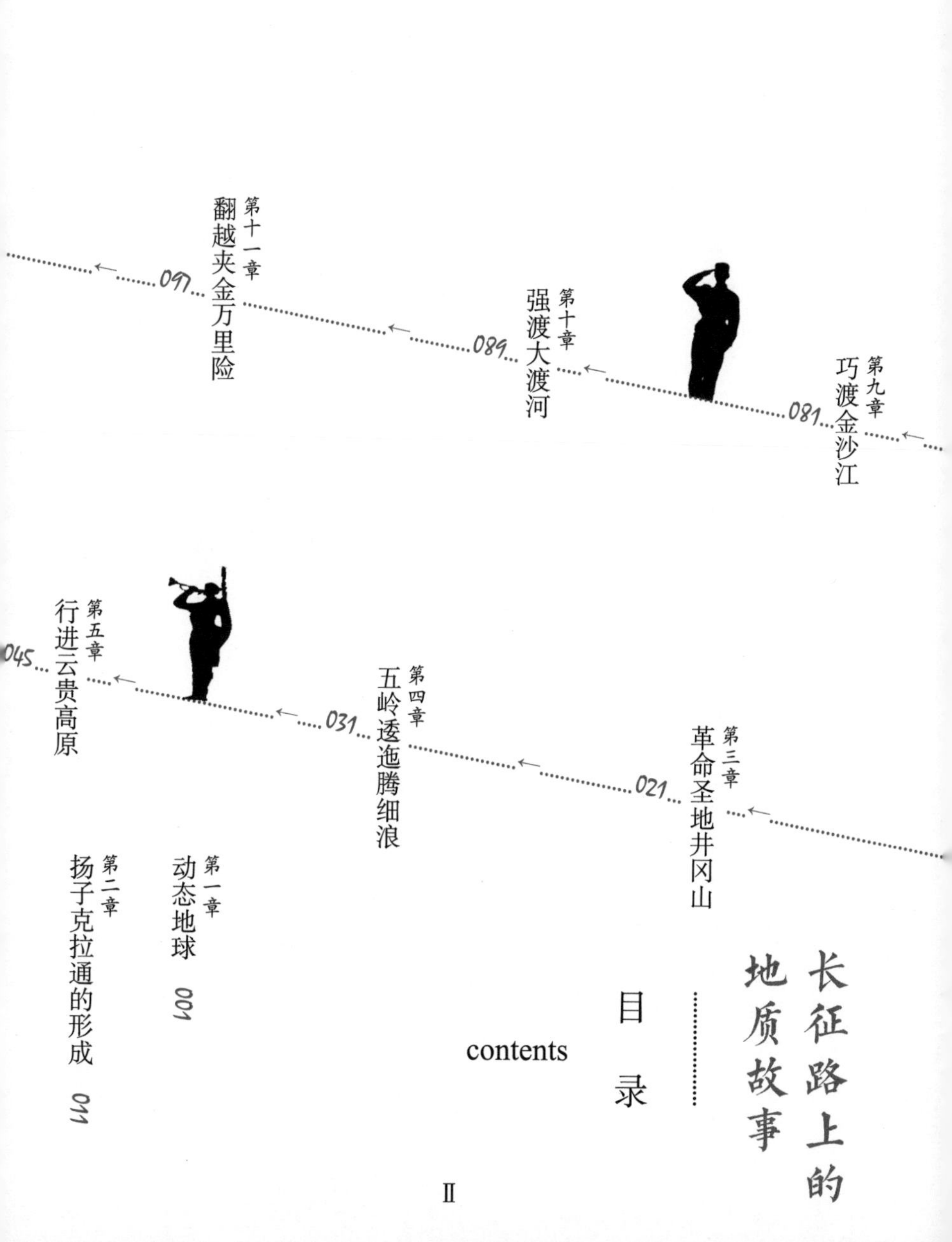

第一章
动态地球

地球一直处于动态演化之中，形成了其表面复杂的地形地貌与岩石类型。地质科学家利用这些信息，可以推演地球的演化历史。从这个角度来说，哪怕是简单的地质现象，也可能蕴含着让人惊叹的地质故事。

在亚洲东部一片神奇的土地上，有一个古老而年轻的国家，叫作“中国”。她的东面和南面被太平洋和南海环抱；西部分布着一望无际的大沙漠和壮阔的高原；北边与蒙古大草原接壤——那里属于中亚造山带，地形起伏，气候干旱，自古就是莽莽草原，是游牧民族生活的地方。

勤劳的华夏儿女，在中国这片土地上生生不息，创造出璀璨的中华文明。

中国地大物博，其国土面积在世界上排名第三。俯瞰中国大

地，地形起伏，地貌丰富，充分展现了这块陆地曾经历的复杂地质过程。这些地质过程同时有利于矿产资源的集聚，也创造出丰富的自然气候环境与动植物分布。

我们先来看中国的地形地貌。

中国陆地的地形大体可分为四类：巍峨的高原、平坦的平原与沙漠、狭长的崇山峻岭、起伏的丘陵。每一种地形地貌都代表着不同的地质过程。

从地质角度来分，中国由诸多地块拼接而成，比如青藏高原、塔里木地块、华北地块和华南地块等。后三者在很早以前就形成了，相对比较稳定，地势也相对平坦。地质学家给这类稳定的古老地块起了一个专属名字——克拉通（Craton的译音）。

这些克拉通形成的年代很早，最早可追溯到几十亿年前的太古代。它们分分合合，在地球表面漂来漂去，有时碰撞，在中间的碰撞带则形成山脉，有时又裂解。所以，追溯这些克拉通之间的亲缘关系，并非易事。

与低矮的克拉通相比，青藏高原平均海拔4000多米，其南部的珠穆朗玛峰的最新测量高度达到8848.86米，而且每年还在以几厘米的速度增长。这里显然不是克拉通，因为它构造活跃。比如，青藏高原东缘的龙门山断裂带，大地震频发，威胁着当地人民群众的生命和财产安全。2008年5月12日14时28分4秒，在汶川地区发生的8.0级大地震，造成了巨大的人员伤亡和财物损失。汶川大地震就发生在龙门山断裂带上。

青藏高原、塔里木克拉通、华北克拉通和华南克拉通之间基本上都由大型山脉衔接。青藏高原和塔里木克拉通之间是昆仑山；华北克拉通和华南克拉通之间是秦岭-大别山；塔里木克拉通、华北克拉通和青藏高原三者之间是祁连山；青藏高原和华南克拉通之间则是复杂的横断山脉及龙门山。

山脉并不是只有一座山，而是由很多山组成的复杂体系，有一定的宽度和长度，比如天山山脉、秦岭-大别山山脉，等等。我们很容易就能想到，这些分布于稳定克拉通周边的山脉，很多都是不同地块之间相互碰撞的结果。

地质科学家到野外考察，发现这些山脉的岩石成分很复杂，有些岩石和生物化石竟然代表着海洋环境，这就为我们研究构造演化提供了新视角。比如，早期地质学家考察珠穆朗玛峰时，在其高处发现了海洋生物化石。这就证明，在早期地质历史时期，现在挺拔的珠穆朗玛峰所处的地方竟然是海洋！

早期陆地的面积比较小，较为独立地分散在地球表面。陆壳由花岗岩等较轻的岩石组成，能漂在较重的地幔软流圈之上，随着时间推移，在地表会发生移动。当然，从人类视角来看，其运动速度都是非常缓慢的，每年移动量仅为厘米数量级。

陆地的周边是海洋，典型的海洋下面是洋壳。因此，一般情况下，两块隔海相望的陆地就被洋壳隔开。由于不同年龄的洋壳，以及洋壳和陆壳之间的密度不同，它们在相遇时，总有一方会潜下去，形成俯冲带。

俯冲带的最大特征有两个。其一，洋壳会俯冲到地球深部。随着陆地之间的洋壳被逐渐消耗，两个地块会越来越靠近，最终形成一个整体。其二，洋壳俯冲到一定深度时，会发生部分熔融，形成岩浆。岩浆顺着上覆地层断裂带喷发出来，形成火山。此外，沿着俯冲带还可能会形成一串岛屿，被称为岛弧。

随着构造运动的进一步发展，两块陆地会缓缓相遇。在两个陆地之间有很多额外的地质体，比如岛弧、孤立的小火山等等。这些额外的成分及一些残存的洋壳会夹在其间，起到一定的胶接作用，它们把两个独立的陆块衔接在一起，形成一个完整的大陆。当然，隆起的山脉肯定是不能缺少的。

通过以上分析可知，造山带是一个有宽度和长度的条带，其内部结构、成分和地形地貌都很复杂。很多人会觉得徒步穿越秦岭造山带非常容易，实际上，在没有做好充分准备的情况下贸然去挑战，挑战者可能会遇到很多意想不到的困难和危险。我们永远不要忽略造山带带来的地质复杂性。

通过造山带，很多陆块逐渐拼接在一起，并最终形成一个非常统一的泛大陆，称之为超级大陆。这么大块的陆地其实并不稳定。在大板块中心，地球内部的热量无法及时释放，会越积越多。因此，在板块中心位置常常会形成地幔热柱，最后大板块又会分解形成新的大小不一的小陆块，循环演绎上述过程。

在地球的地质演化历史中，板块这种分分合合的过程经历了好几次。这使得地块无论是在横向还是纵向上的性质都很复杂。在横向上，不同时期形成的陆块会拼接在一起，其中还夹杂着许多造山带。在纵向上，板块之间通过碰撞俯冲，可以通过复杂的方式上下叠合在一起，形成非常厚的陆壳。例如，青藏高原就是印度板块俯冲到欧亚板块之下，垂向厚度大幅度增加的结果。

石油是有机物，在浅海地区存在大量的能形成石油的有机生物。有了地球动态演化模型，我们就好理解为什么在陆地内部，比如新疆，也能发现大油田，是因为，亚洲这些产油的内陆地区，过去曾经是浅海。

四川盆地是重要的产盐地，因为四川盆地曾经分布大量海水。后期地质演化使这一区域变成内陆盆地，与外部海洋隔开。海水蒸发以后，就形成了丰富的盐层。

这确实让人感到不可思议，可是证据就是如此！当初地质学家在珠穆朗玛峰高处发现海洋生物化石时的心情，一定是心跳加快且兴奋异常——我的天，这么高的青藏高原，原来曾经是海洋！

动态的地球就是这样迷人，她戴着面纱，把历史一一保存在各种证据中。沧海桑田，是指沧海变桑田，这不是传说，而是科学。

最后，我们再来看看中国陆地的气候分布。

地轴是倾斜的，因此阳光照射量随纬度的分布并不均匀。赤道接收的阳光最多，随着纬度增加，日照量逐渐减少。据此，地球被划分为热带、亚热带、温带和寒带。非常幸运的是，中国东部和南部是海洋，大陆和海洋的热力差异促进了季风性气候的形成，从而改变了中国东部的降水分布。

可是，别忘记了中国这片陆地是动态变化的。在青藏高原形成之前，中国西部也是一片大海，水汽可以自西而入。那时，中国的地势东高西低，当然也就不会有长江和黄河自西向东入海。

印度和澳大利亚这种相对较小的陆块，被地质命运摆布，在过去几千万年中，从南半球高纬向北移动，一路跨越了好几个气候带。欧亚大陆因为足够大，因此比较稳定，即使在5000万年前，被迎面而来的印度板块撞了一下“腰”，并隆起了巨大的青藏高原，欧亚大陆作为整体，也只稍稍向北移动了一点点而已。但是，青藏高原隆升引发的气候效应却非常显著，在中国的东西部形成了显著的气候差异，其分界线基本上与北东—南西走向的胡焕庸线吻合。

如果我们以400毫米年均降水量等值线分界，就会发现中国古代长城遗址的连线，基本上就是农耕文明和游牧文明的分界线。可以说，中国的文明发展受到多种水源的控制：长江、黄河，以及降水。整体上，中国东部和南部湿润，西部和北部干旱。而不同的气候环境，又会促进形成多样化的生存环境与相应的民族文化。

第二章

扬子克拉通的形成

以秦岭–大别山为界，中国东部较为低平的陆地又分为两大部分，北部是华北克拉通，南部是扬子克拉通，也叫华南克拉通。秦岭–大别山造山带就是这两个克拉通相撞的衔接部分。扬子克拉通的西边界在龙门山断裂带，这里地震频发。再往西看，就是4000多米高的青藏高原。

目前，在地形地貌上，华南是整体一块。仔细看，会发现，华南的地貌起伏很大。在东南部地区，有大量的火成岩和褶皱带分布，叫作华南褶皱带。自20世纪80年代以来，地质学家提出了好几种模型来解释华南地貌的成因。

其实，华南地貌还可进一步分为东南与西北两部分。这两部分不仅地形地貌差别巨大，而且岩石性质和演化历史也不同。东部到处是火成岩，而西部火成岩分布较少，地形上存在着大片相对平坦的区域，尤其是四川盆地，一大片平原，四周被高山环绕，显得格外突兀。这说明，华南地貌也不是铁板一块，东南和西北这两部分原来并不是一家人，早期并不在一起。

扬子克拉通到底经历了怎样的地质过程，才造就了这么奇特的地形分布？

我们把西北这片陆块叫作“扬子地块”，东南这片陆块叫作“华夏地块”。扬子地块与华夏地块目前已经碰撞在一起，显而易见，在地质历史早期，这两个地块应该是近邻，也就是应该同属一个构造域，在后期演化过程中，慢慢靠到了一起。

这里有两个首先要考虑的科学问题：扬子地块和华夏地块是什么时候拼接在一起的？二者拼接的具体位置在什么地方？

既然是拼接在一起的，那么它们之间必定会存在一条带状的碰撞区域。要想找到这样一条碰撞带，最好的方式还是要到野外采集华南各地的岩石，尤其是火成岩，测量这些岩石的地质年龄，分析它们的分布规律。

在识别出明显的地质特征前，地质学家需要做大量的野外工作。

地质学家在华南中部发现了一条北东东向的条带，叫作“江南造山带”。它长约1500千米，宽约200千米，火成岩的年龄在距今10亿～8亿年之间，在地质上这属于新元古代。距今5.4亿年之后，就是我们所称的寒武纪，所以新元古代属于“前寒武纪”。

在地形图上，我们很容易就能找到这条江南造山带的西边界。从绍兴出发，经由衢州、上饶、鹰潭、萍乡，然后到桂林一线，是一条重要铁路干线。这条铁路

干线刚好修在崇山峻岭间的低洼处，它的东南面就是华夏地块，西北外侧就是大约200千米宽的江南造山带。

江南造山带的东南边界在哪里呢?

大致从凯里出发，经由张家界、九江至黄山一线。

在江南造山带内分布着很多山脉，然而这些山脉并不全是由发生在距今10亿～8亿年的造山运动形成的。事实上，早期碰撞出来的山尽管可能隆升很高，但是长期的风化剥蚀作用已将它们夷平了。不过，我们还是能通过其统一的年龄分布，区分出这条造山带的大致轮廓。

这一区域内的很多山脉，是后期其他地质运动造成的。比如黄山，它的形成年龄要年轻得多，其主体岩石是在燕山期（主要在侏罗纪到早白垩世）的花岗岩。再比如张家界，它本身就在江南造山带西边缘，它的山峰不是由花岗岩出露地表形成的。事实上，从张家界往西到四川盆地之间出露的地层都非常年轻，属于沉积岩。在泥盆纪，这一地区都曾是海洋，尤其在张家界地区，接受了大量海洋沉积物，形成了非常厚的石英砂岩。在三叠纪，又沉积了石灰岩。后期由于地壳挤压、地层隆起、地质风化等漫长的地质作用，形成了张家界独具风格的奇绝地形地貌。

砂岩主要由石英组成。单个石英颗粒的化学性质非常稳定，但是它们组成的砂岩却很不稳定，容易被风化、遭流水侵蚀，以及在重力作用下发生崩塌，形成高大的石柱林。此外，出露的三叠纪石灰岩还会形成喀斯特地貌。石灰岩被酸性［水中含有二氧化碳（CO_2），因此呈弱酸性］的流水侵蚀后会发生溶蚀作用。张家界天门山有一个世界海拔最高的天然穿山溶洞，叫天门洞，在三国时期才形成，距今才2000多年的历史。天门洞南北对穿，门高131.5米，宽57米，深60米。

我们把思路回收一下，再看看江南的整体。经过距今10亿～8亿年间的构造碰撞，华南地块和华夏地块终于拼接成为一块完整的大陆，我们称之为“扬子克拉通”。此时，在扬子克拉通东南部，也就是原来的华夏地块上面，还没有形成武夷山、罗霄山等山脉。在漫长的地质过程中，我们需要耐心地等待，一直等到太平洋板块从东面开始俯冲。

根据地质学家的研究，在早二叠世时，整个华南还处于一片浅海之中。这里生活着丰富的浅海生物，生物死亡后，其壳体［碳酸钙（$CaCO_3$）］大量沉积，形成碳酸盐岩。

时光荏苒，到了中二叠世，古太平洋终于开始从东面俯冲了。福建等沿海地区首先开始隆起。随着太平洋板块逐渐向西北俯冲到华南内陆，华南东部地区隆起，出露于海面，陆地变得越来越广阔。经过演化，到了早侏罗世，只剩下四川地区还是广阔的盆地，形成大量沉积。

1.9亿年前是个值得记住的时期。由于古太平洋板块向华南内陆过于延伸，其性质变得不稳定。距今约1.9亿年前，古太平洋板块俯冲下去的部分在东经115°左右、北纬25°左右发生断离，并在该区形成局部的花岗岩。

古太平洋板块断离后，其运动由向西北俯冲模式变为向东南后撤模式。在古太平洋板块后撤过程中，不断有新的花岗岩形成，呈条带状分布，方向与海岸线大致平行。通过上面分析可知，这些花岗岩的年龄从内陆向海岸变得越来越年轻。

到了白垩纪，其后期霸王龙主宰地球，古太平洋板块终于后退至中国沿海，在山东、福建及广东地区发育大量的火成岩。当花岗岩上面覆盖的地层被侵蚀后，花岗岩体出露地表，就形成了以花岗岩为主的山体，比如山东泰山、安徽黄山和九华山、湖南衡山等等。这些著名的景点，都是在古太平洋板块向东后撤过程中留下的痕迹。

经历过千锤百炼的景色，展现出来的都是奇峻壮美。

所谓花岗岩，就是以石英和长石为主的侵入岩石。它黏度比较大，无法轻易喷出地表。因此，这类侵入岩冷却后，在地下深处形成一大块花岗岩体。后期随着地表沉积物的风化剥蚀，以及构造运动的抬升，这些曾深埋地下的花岗岩体慢慢出露地表，高的成山，低矮的则成为岩体。

花岗岩性质并不稳定，露出地表后就会被风化。整块的花岗岩体首先发生分解，分解后的花岗岩再经风化，从而变得更加圆滑，像块孤立的大石蛋，这就是球形风化。海边的花岗岩，还会受到海浪的不断侵蚀，从而形成各种迎风而响的小洞。

鼓浪屿的日光岩就是这样一块典型的花岗岩体，如冰山一角，人们看到的只是露出地面的一小部分，地下还有很大一部分。日光岩表面几乎寸草不生，可看到流水作用形成的一道道垂直的小沟痕。因为含有石英和长石成分，花岗岩颜色偏淡。如果是黑色的山体，它八成是基性岩。岩石中的铁成分被氧化，形成三价铁化合物，于是在岩石表面可以看到一些红褐色的条纹或者斑点，但这不是岩石的原生颜色。

可见，距今1.9亿年时，古太平洋板块俯冲已成为强弩之末。如果它继续向前俯冲，四川盆地也会被强烈改造，可能形成与华南类似的地形，到处分布着花岗岩，而不是现在的沉积岩。也正因如此，在四川盆地还保留着没有被构造运动完全破坏的油气藏，而江南地区就基本失去了油气藏的保存条件。由于大量的火成岩发育，金属矿床在华南地区成为重要的地质资源。

第三章

革命圣地井冈山

西江月·井冈山

毛泽东

山下旌旗在望，
山头鼓角相闻。
敌军围困万千重，
我自岿然不动。
早已森严壁垒，
更加众志成城。
黄洋界上炮声隆，
报道敌军宵遁。

在湖南与江西之间，罗霄山成为两省的天然分界线，其两侧地形几乎呈对称分布。首先，两侧都是平原区；其次，在西侧（湖南）和东侧（江西）对称分布着洞庭湖和鄱阳湖，并都与长江相连。湖南省会长沙和江西省会南昌在中国红色革命史上均有着十分重要的历史作用和象征意义。

罗霄山脉属于华夏古地块，其西北面接着江南造山带。从整体上看，罗霄山脉走向几乎呈正南北方向。实际上，它由几条呈东北方向展布的小山脉组合而成，从北向南依次为武功山、万洋山和诸广山。在传统意义上，以万洋山为罗霄山脉的中段。著名的革命圣地井冈山就坐落在万洋山。

罗霄山脉往北是九岭山。九岭山的地层非常古老，由10亿年前的中元古代岩石组成。显然，九岭山地层比华南造山带的形成时间还要早，可以确认属于扬子地块。因此，虽然九岭山与罗霄山近在咫尺、握手为邻，但在地质归属上，它们并不属于同一家族。

早期，罗霄山地区在华夏古地块的边缘，属于浅海区，发育沉积岩。后来古太平洋板块俯冲，又叠加了诸多火成岩，所以该区地层较为复杂。出露的岩石既有沉积岩，又有火成岩。

20世纪初，罗霄山中南段属于湖南、江西两不管地带。这里崇山峻岭，易守难攻，成为星火燎原、开展革命斗争的重要根据地。

1927年，在北伐战争取得节节胜利，北伐军不断向北推进的时刻，以蒋介石和汪精卫为代表的国民党反动势力分别在上海和武汉发动“四一二”反革命政变和“七一五”反革命政变，第一次国共合作彻底结束，国民革命陷入低潮，共产党人被迫奋起反击。

罗霄山两侧，承载中国革命希望的两拨人，相继发动起义。1927年8月1日，在罗霄山东侧的南昌城，中国共产党发动南昌起义，从此有了自己的革命武装。在罗霄山西侧，湖南与江西的交界地带，在南昌起义一个月之后，也就是1927年9月9日，秋收起义举行。这次起义专门设计了一面旗帜，一面大红旗，红旗上有一个五角星，五角星中间是我们熟悉的镰刀加斧头的图案。

秋收起义队伍以湘赣边界人士居多，他们对井冈山的地形地貌十分熟悉，所以去井冈山开展武装斗争，也就顺理成章了。

井冈山地区出露的地层很广泛，其中以古生代以来的地层为主，包括寒武纪、奥陶纪、泥盆纪、侏罗纪和白垩纪，时间跨度近5亿年。这里曾经处在华夏古地块的边缘，经历了多次海侵和隆起。其主要构造阶段属于加里东时期（寒武纪—奥陶纪—志留纪）。同属于加里东时期的山脉在全世界还有很多，比如欧洲西北角的斯堪的纳维亚山脉、美国东海岸的阿巴拉契亚山脉等。

井冈山地区有碳酸盐岩，所以会有溶洞，同时还分布着火成岩，所以就会有花岗岩露头成山。这些造成了井冈山地区复杂的地貌。

井冈山山脉高1200～1500米。除了山脉和丘陵，这里还有一些山间小盆地，形成了村落，比如茨坪就是当年井冈山革命斗争的中心。

这一地区山高险峻，森林茂密，山路崎岖，没有大路，易守难攻，因而成为中国共产党开展武装斗争难得的根据地。

南昌起义部队起初并没有把井冈山作为战略转移的

目的地。由于南昌北边的鄱阳湖和长江流域无险可守，南昌起义部队不能选择向北前进，他们最初的战略方向是向南，挺进广东。

起义部队在江西瑞金地区和敌人激战，但此时他们和井冈山并没有联系，而是转向福建，再西进广东。经过多次激战，起义队伍人马越来越少。1928年4月28日，南昌起义部队与秋收起义部队在井冈山胜利会师。

井冈山地区经济落后，当革命队伍的人数超过一定数量之后，这一地区的经济能力就难以承担，扩大根据地就成为最紧迫、最重要的任务之一。

前文所述，湖南和江西在地形地貌上就像一对双胞胎，中间被罗霄山分隔，东西两侧几近完全对称。在它们的北部各有一个大湖（洞庭湖和鄱阳湖），各有一条南北流向的大江（湘江和赣江），并且都分别流经各自的省会长沙和南昌。再往两侧，则分布着雪峰山和武夷山。

井冈山根据地在二者中间，在人力、物力都受限的情况下，革命前辈们只能在湘南和赣南二者之间选择其一作为新的根据地。赣南和闽西南紧密相连，平坦的地域更宽广，更好管理；而湘南的地形相对复杂，那里还分布着南岭，也就是湖南与广东的分界线。罗霄山和南岭连在一起，把湘南和赣南分隔开来，不利于将二者连成一片统一的根据地。所以，从地形的角度而言，选择赣南更为合适。

两支武装起义部队在井冈山会师后，在赣南和闽南的西部建立起全中国最大的一片革命根据地，包括30多个县，后来成为中央苏区所在地。1931年11月，在赣南的瑞金成立了中华苏维埃共和国临时中央政府。

国民党对中央苏区进行了严密的经济封锁，以至于连食盐都成了非常紧缺的商品。苏区军民长期缺盐，患上各种疾病，严重影响了红军的战斗力。此外，赣南的传统经济比较落后，财政收入少，无力购买大量物资。

中央苏区在高峰期拥有近10万红军，这对于经济实力弱小的苏区来说，是一个非常庞大的人口数字。如何才能解决巨大的财政缺口？

我们来看一看中国的重要的矿物资源钨矿的分布图。就是这么巧合，我国大的钨矿主要分布在赣南中央苏区！在战争年代，石油和钨都是非常重要的军事物资：石油是战争的血液，而钨则是钢铁工业的骨骼。

钨的原子序数为74，其熔点高、密度大，不容易被腐蚀。广为熟知的应用就是制造灯丝。实际上，钨在冶金、化工、电子、光源、机械工业等方面的用途都很广。再聚焦到军事，钨可以被用来制造枪管、炮管、穿甲弹、切削金属的工具，含有钨的特种钢可以被用来制造航空发动机等。因此，二战时期，军工业对钨的需求量非常大。

早在1907年，德国的传教士就在赣南的大余县西华山发现了钨矿。赣南的钨矿储量和产量均居世界第一，钨矿支撑起了中央苏区的经济。1931年春天，红军在赣南设立了“公营铁山垅钨矿”，一年之后，正式成立了中国共产党建立的第一家国有营利性企业“中华钨矿公司”，当时公司拥有3500多人。中央苏区通过钨矿石的买卖迅速搞活了经济，为扩充红军队伍打下了坚实的经济基础。

赣南地区为什么会有这么富集的钨矿呢?

之前提到，太平洋板块向东亚地区俯冲，在1.9亿年前，发生断离。然后在距今1.6亿～1.55亿年，在岭南地区打开了一个地下通道，下面炙热的软流圈物质直接上涌，在赣南地区形成了大量的花岗岩与钨锡矿。

当初，红军向赣南发展根据地，并不十分清楚当地还存在着钨矿这样珍贵的宝藏。可以肯定地说，如果没有钨矿的财政来源，中华苏维埃政府和中央红军肯定无力支撑10万将士的消费开支。

第四章 五岭逶迤腾细浪

南岭是长江水系和珠江水系的分水岭，前者的水最终通过长江流入东海，而后者则顺着珠江流入南海。和其他山脉相比，南岭很特别，它被分成了五部分，主要包括大庾岭、骑田岭、都庞岭、萌渚岭和越城岭，“五岭”之名即由此而来。这里是瑶族和客家人的居住地。

瑶族的历史非常悠久，在历史演化中，在江南分布广泛。瑶族，又称高山族，因为他们大都生活在半山腰之上。

瑶族人天生喜欢在山上生活吗?

非也。

生活在偏远山区的民族，大都是为了躲避战乱和当时朝廷的压迫，被迫转移到崇山峻岭间，寻找安全生活之地。

比较有趣的是，在南岭山下则住着另外一拨曾经饱经沧桑的族群——客家人。客家人是汉族的分支，也是为了躲避战乱从北方逐渐迁徙至南方的。他们说的是客家话，其中保留了很多古汉语语音和词汇，被称为“语言的活化石”。

瑶族人和客家人的语言不属于一个体系。但是在五岭山区，瑶族人住在山上，客家人住在山下，瑶族与客家共同守护着五岭这一方水土。

站在五岭山上，往北眺望，那是传统意义上的江南。往南看，则是正宗的华南区域。

“江南好，风景旧曾谙。日出江花红胜火，春来江水绿如蓝。能不忆江南？”白居易的《忆江南》展示了江南的富庶、繁华、美好与瑰丽。和江南相关的名句名篇举不胜举，可是，如果搜寻和华南相关的诗句就明显少了很多。事实上，华南地区在古代开发程度低，人烟稀少，民风彪悍。众多的花岗岩山丘，把地面分隔成无数区间，交通不便。

“五岭逶迤腾细浪”，在红军眼中，这五座山岭就像海边的小浪花，诗句表现的革命浪漫主义情怀跃然而出。

南岭东西长约600千米，南北宽约200千米，是天然的省份边界，将周边地区分隔成湖南、江西、广东、广西4个省级行政区。

如前面所说，华南的构造地质过程比较复杂，经历过多期构造运动叠加。出露地表的既有花岗岩，也有沉积岩。一般而言，花岗岩成山，在低矮的谷地，沉积岩占主导。如果是红色砂岩区，就容易形成漂亮的丹霞地貌。

“丹霞”，这个名词用得非常贴切。“丹”这个字造得很形象，就是一个井口，里面加一个点，表示从矿井中把丹砂矿取出来。这种矿石是红色的，于是，“丹”就有了红色的意义：丹心、丹凤，都是这种红颜色；霞就是红色的云。无论是朝霞，还是晚霞，都是艳艳的红色。所以，“丹霞”就表示具有鲜艳红色的地层。

丹霞地貌的地层是沉积岩，而且经历了周期性的沉积和露出水面的过程。当地层露出水面后，地层上部的含铁矿物就会被氧化成红色的赤铁矿。如果水比较深，环境偏还原状态，在后续氧化过程中，会形成黄绿色的氢氧化铁中间产物。因此，丹霞地貌最显著的特点就是红色与灰色（或者浅绿色）地层相间分布。在后期大地构造作用下，原先水平的地层出露于地表，就会形成丹霞地貌。最为著名的丹霞地貌是位于粤北地区的丹霞山。如果出露的是灰色的碳酸盐岩，经过河水侵蚀，会形成壮观的喀斯特地貌，比如桂林的石林。

1934年10月，中央苏区第五次反围剿失败，中央红军开始长征，进行战略大转移。此时，国民党从北部和东南部夹击围剿，却在西面留出一条狭窄的通道——五岭。

广东军阀在粤北构建了三道封锁线，其中，第一道设置在中央苏区南部，沿赣州和寻乌一线；第二道和第三道封锁线则依靠大庾岭和骑田岭构建。

为了保存实力，中央红军充分利用广东军阀与蒋介石的矛盾，在穿越这三道封锁线时，虽然小有损失，但是基本上算是轻易过关，未伤及“筋骨”。

此时，桂系军阀和湘系军阀在越城岭东线、湘江上游以西，沿着全州、兴安和桂林，构建起第四道封锁线。国民党军投入了26个师、近30万人的兵力，在数十架飞机的助攻下，企图阻击中央红军西进。

中央红军大部队被压缩在湘江以东非常狭窄的一片地方，前有堵截，后有追兵，形势非常险峻。而且，红军带着沉重的辎重，行进缓慢，还在湖南道县停留了3天。此时，是继续往西，突破敌人层层封锁的湘江，还是往北转移，和湘鄂川黔苏区红军汇合？最终中央决定继续往西，执行既定方针。

国民党的如意算盘是想当中央红军聚集在全州、兴安和灌阳的三角区内时，给红军以重创。事实证明，这里确实是一处险境，红军只有快速通过这个地方，才能暂时摆脱敌人的阻截。

在十分危急的情况下，桂系军阀与国民党蒋介石的派系斗争，再次给红军带来转机。桂系军阀不愿意尽全力和红军血拼，为了保存实力，他们让桂军南下保卫桂林，从而实际上为红军在湘江留出了通道。只要红军快速通过湘江，不进入广西，即可不受桂军牵制。

中央红军的先头部队很快就渡过了湘江。湘江部分水域的水很浅，可以直接涉水通过。可是，后续部队在道县停留了3天，这对红军来说几乎是致命的。蒋介石得知桂系“让路”一事，大发雷霆，让湘系和桂系部队向红军加紧发起进攻，湘江的军事空白区又被堵住了，惨烈悲壮的湘江战役就此打响。

湘江战役从1934年11月底打到12月初，将近一周，中央红军损失了一半以上的兵力，血染湘江。

这场战役，实可谓感天动地泣鬼神！当时担负掩护任务的红三十四师已不足1000人，面对十几倍于己的强敌，师长陈树湘一身是胆，毫无惧色。他率

领全师战士奋力抵抗，与敌人鏖战四天五夜，为红军主力渡过湘江赢得了宝贵时间。陈树湘受伤被俘后，在敌人将他抬去请功的途中，他苏醒过来，决然绞断自己的

肠子，壮烈牺牲，年仅29岁。

付出了沉重代价后，中央红军渡过了湘江，但形势依然十分严峻。此时，在越城岭（老山界）和湘江的狭小区域内，两边都有敌人堵截，无论是向北突围还是向南取道，都会遭遇敌人强有力的阻击。

根据当时形势，红军做出了一个让敌人意想不到的决策：翻过老山界！

老山界长21千米，宽6千米，其主峰猫儿山，海拔2141.5米，是五岭的最高峰，也是长江水系和珠江水系的分水岭。老山界最大的特点就是山势陡峭，到处是悬崖峭壁。

从地质上讲，老山界在早古生代就形成了山脉，发育了大量的花岗岩，后期一直在持续隆升。如果这个山脉坐落在高纬度地区，风化程度就会较轻，一定会保留非常高耸的山。可是，江南地区水汽丰沛，风化能力强。所以，山脉被侵蚀，只保留了目前的高度。除了花岗岩，还有一些后期沉积岩出露。在山脉隆升和后期流水切割侵蚀的双重作用下，逐渐形成了老山界这种险峻的高山。

身体健壮的人，要顺利爬过老山界都不是一件容易的事情，对于伤病员来说，则是极大的考验。很多地方仅容一人通过，伤员必须走下担架，自己爬过这样的陡

坎，可想而知，他们的革命意志是多么的坚强！

红军在长征途中选择的行进路线，往往都分布在两省交界及附近地区，红军主力很少深入各省腹地。这里面有三个重要原因：其一，各地军阀都有自己的局部利益，红军只要不进入他们的领地，他们就不会和红军死磕，这在很多战斗中都得到了证明，只要军阀了解了红军的下一步确切走向，只要不深入自己的地盘，他们就会偃旗息鼓；其二，很多省都以高山大河为自然边界；其三，在高山峻岭中行军，对红军是考验，对敌人也是考验，这类地形有利于隐蔽和周旋，敌人的兵力部署不容易展开。此时，红军坚强的革命意志成为战胜敌人的极大优势。

广西兴安是漓江和湘江的分水岭。兴安西面的大溶江是漓江的源头，水流由北向南；而兴安的东面有一条河叫海洋河，是湘江的源头，水流由南向北。因此，如果二者之间被挖通，那么顺着水路就可以把广西和湖南连接起来，可以提供非常大的交通便利。

聪慧的中国古代先民早已观察到这个情况，并在秦始皇三十三年（公元前214年）凿成通航，这就是著名的“灵渠”。在当时，灵渠成为秦朝统一岭南的绝佳工程。例如，灵渠建成当年，军马粮草就可以源源不断地运抵岭南，于是岭南很快就被归入秦王朝的版图。

在兴安以南，顺漓江而下，就到了桂林。

桂林山水甲天下，是中国灵秀山水的代表。这里历史文化悠久，桂林甑皮岩古人类遗址更是距今1.2万年，是华南地区新石器时代早期的重要遗址，出土了早期的陶器雏形，证明桂林地区是中国早期陶器的起源地之一。

洞穴可以避暑纳凉，抵御严寒和野兽袭击，早期人类依托各种洞穴生活。甑皮岩溶洞是一种脚洞，也就是地下水面上升，在山脚下，把石灰岩溶解而形成的一系列的水平溶洞，其高度刚好适合当时人类居住。甑皮岩溶洞高4～5米，需要几万年的时间才能形成。通过年代测定，甑皮岩溶洞在距今5万～3万年时期形成。

桂林地区属于江南造山带的西边界，这里曾经是浅海，大量发育石灰岩。经过后期的地下水改造，形成各种奇异的风景，有石林、脚洞和露出地面贯穿山峰的“穿洞”，等等。

桂林的喀斯特地貌再配上漓江的俊秀，浑然天成，构成独一无二的绝妙自然画卷。

中央红军渡过湘江后，能否南下进攻桂林？

桂系的策略就是赶紧送客，把红军赶到湖南或者是

贵州，最不愿意让红军进入广西，导致国民党中央军尾随而来，从而让他们失去独立王国的地位。只要红军挥师向南，桂系军阀就会更加强硬地阻击。这对于已经元气大伤的中央红军来说，显然无法达成南下进入广西的战略。再加上中央红军的主要战略意图是要向北和红二、红六军团，或者红四方面军会师，不会把前进目标转向广西。

红军在南方的崇山峻岭中穿行，在广西北部，红军穿越了第一个少数民族聚集区。红军翻越老山界，路过的第一个县就是龙胜县，这里居住着苗、瑶、侗、壮等少数民族。

由于受到国民党的长期压迫，当地少数民族对汉人心存芥蒂。红军在通过桂北少数民族区时（包括后来的大凉山彝族区），起初都遇到了一些麻烦。比如，在龙胜，敌人利用了少数民族排外的心理，派遣特务，并鼓动当地地痞混入红军营地放火，造成了不小的损失，光在龙坪寨和广南寨的侗族村寨，敌人放火一次就烧掉近400间民屋。

面对这种不利情况，好的民族政策是消解民族偏见的最佳良药。红军一方面奋力抢救群众的财产，另一方面加紧破案，并积极宣传红军政策，最终赢得了当地少数民族群众的理解与爱戴，为红军的战略大转移创造了良好的条件。

第五章 行进云贵高原

红军离开湘江，向西北行进，从华夏地块进入扬子地块。大部分红军战士可能不会意识到，他们将向越来越高的海拔地区行进。在他们西面，云贵高原像拦路虎挡在前方。

高原不是指单一的山脉，而是指在海拔1000米以上、大面积隆起的区域，其边界明显，是构造运动的结果。中国有四大高原，包括青藏高原、云贵高原、黄土高原和内蒙古高原。

地壳运动包括水平运动和垂向运动。在水平方向上，板块可以发生大规模漂移，变换经度和纬度。比如，可以从南极向北跨越赤道来到北半球，反之亦然。在垂直方向上，地层可以被抬升，或者发生弯曲，形成高原或者山脉。这些浅部地质过程其实与地球深部的地质过程密切相关。这些高原的存在，说明亚洲东部地区在较新的地质历史时期（比如中生代），曾经受到了强烈的构造运动。在欧亚大陆，除了青藏高原，还包括伊朗高原、安纳托利亚高原等。它们从东向西连成一片，说明欧亚大陆南端曾经经历了广泛的碰撞运动。

云贵高原的主体分布在云南省东部、贵州全省、广西壮族自治区西北部。

那么云南省西部的横断山脉地区属于什么地质构造

单元？答案是青藏高原的东南缘。云贵高原的东部地区，往往形成省份之间的边界，比如四川、湖北、湖南等省。

云贵高原最大的地势特征为西北高、东南低，一般低于3500米。这说明其西部地区经受的构造挤压比东部更为强烈，并由西向东逐渐减弱。

云贵高原东西长约1000千米，南北宽400～800千米。它与青藏高原衔接，其边界在横断山和哀牢山。横断山在中国的山脉体系中最为特殊，它基本上呈南北走向，是一组山脉群的统称。山岭长近900千米，海拔大多在4000～5000米，显然比华南地区的花岗岩山脉高出很多。在山脉之间容易形成众多的水系，包括我们熟知的金沙江、澜沧江、怒江及独龙江。

地球上的山脉有一个基本规律，越是高耸的山脉，其形成的时间就可能越年轻。比如喜马拉雅山、阿尔卑斯山、安第斯山，以及横断山脉等。

横断山脉形成于白垩纪后期。那时，印度板块从南半球漂移过来，与欧亚大陆碰撞在一起，横断山脉这一地区就夹在印度板块与欧亚板块的结合部位。一般情况下，一块大陆的中间是稳定区，而周边是浅海，地壳变薄，更容易形成沉积。这些沉积物与火成岩和变质岩基底相比，塑性更强。因此，在碰撞过程中，强烈的构造挤压，使得这一地区的地层变形，形成巨大的褶皱和断层。这里出露的岩石以沉积岩为主，火成岩很少发育。

白垩纪晚期，是中国地形地貌形成的重要时期。中国东部的岩浆活动慢慢减弱，而西部的构造挤压则逐渐开始，使得中国的地形从东高西低渐渐转变为西高东低，河流走向、气候模式也随之大变。

高山隆起，在山顶开始发育冰川。冰川侵蚀岩石，让山峰具有冷峻的造型。冰雪融化，形成清澈见底的湖泊。水流又溶解岩石中的矿物质，并沿途沉积，形成漂亮的钙华景观。所谓钙华，就是含有碳酸氢钙的地热水接近和出露于地表，由于温度和压力改变，二氧化碳从热水中逸出，碳酸钙沉淀下来形成沉积物。在钙华景区，可以看到白花花的一片片钙华，非常壮观。

以上这些因素叠加起来，使得横断山脉地区景观独特，成为很有吸引力的重要景区。在横断山脉东缘，从北向南有我们熟知的大理、泸沽湖等。横断山内部，美景也是数不胜数。

横断山脉南北走向的具体成因，目前还有待进一步科学探讨。这些山的南北走向是在碰撞过程中直接形成的，还是由于印度板块与欧亚板块的碰撞导致的转向？

这个科学问题可以用古地磁学方法来进行验证。如果是前者，当地地层记录的古地磁偏角就应该是南北向的；如果是后者，其古地磁偏角就应该偏离南北向，比如可以是东西向。南北走向的横断山有利于印度洋季风的水汽从南向北输送到亚洲内陆。

在横断山脉之间，有几条南北向延伸的大江。这些大江所处的位置，其实就是几个微小块体拼接的位置。这些小块体从北向南依次是松潘—甘孜、东羌塘、西羌塘、拉萨、特提斯喜马拉雅小块体。这些小块体呈长条形，向西延伸至很远。

云贵高原的东边界在武陵山和雪峰山。红军突破老山界之后，往北看就是雪峰山；往西走，迎面而来的就是武陵山。雪峰山西侧流过的是沅江，武陵山西侧流过的则是乌江。此乌江并非西楚霸王项羽自刎之处的乌江。

雪峰山与巫山、太行山及大兴安岭连成一条地形线，是中国地形第二阶梯和第三阶梯的分界线。雪峰山地区属于扬子地块的东南缘，曾经形成了大量的沉积，在加里东运动期间逐渐隆升。其后，在侏罗纪和白垩纪期间，被进一步改造，形成今天的地貌。

可见，云贵高原处于第二阶梯，东面和西面分别以横断山和雪峰山为界。

武陵山更为特殊，它处于湖北、湖南、重庆、贵州四省市的交界地带。前面说过，多省的交界地带是国民党军事力量相对薄弱的地方，也是红军优先选择的行军方向。

云贵高原的东南角，就是红军突破第四道封锁线之后跨越的老山界。

按照地势，云贵高原大致可以分为云南高原和贵州高原两部分，中间的分界线在乌蒙山区。乌蒙山远离横断山脉，但是地质作用仍明显，地层发生断裂，形成乌蒙山。这里出露了不少早古生代的石灰岩，喀斯特地貌显著。

中央红军主力长征时，在乌蒙山并没有遭遇敌人拦阻。但是，当红二、红六军团长征时，在乌蒙山上演了一出传奇。红二、红六军团的战士擅长爬山，打游击战。在乌蒙山区，他们牵着敌人的鼻子走了一个月，然后轻松地跳出包围圈。在军事上，这是个了不起的奇迹。

云贵高原气温适宜，有印度洋季风带来的降水，物产丰富，更为重要的是还有很多天然溶洞可以利用，这曾是远古人类的良好栖息地。在云南元谋发现的170万年前的人类遗迹，就是当时早期的古人类。当7万年前我们现今人类的最直系祖先智人走出非洲后，就有一支顺着海岸线，在距今5万～4万年抵达云贵高原。他们利用这里天然的地形地貌，发展人类文明。

云贵高原属于亚热带季风气候，再加上地形起伏，地表形貌多变等各种因素造就了该区生物和文化的多样性。去云南旅游，印象最深的就是那里少数民族众多，不知名的植物众多。

有一个夜郎自大的故事，就发生在这里。相传汉朝时西南地区有个小国叫夜郎国，当时的汉朝派使者来访，夜郎国王问，汉朝与夜郎国哪个大。后来人们用“夜郎自大”这个成语比喻无知而又狂妄自大的人。此外，云南大理更是众多武侠迷心中最想去的地方之一。大理古城依山傍水，游人在此可以体会岁月静好的感觉，可以找到各自心中的诗与远方。

第六章
从黎平到遵义

中央红军突破湘江防线，跨越了老山界，至此，暂时摆脱了几十万国民党军队的围追堵截。在这之前，博古和李德指挥红军作战，经湘江一战，红军伤亡惨重。

1934年12月12日，中共中央领导人在湖南通道召开紧急会议，西进贵州的战略计划首次得到了中共中央和中革军委多数领导人的支持。

1934年12月中旬，红军不费吹灰之力就占领了黎平。

黎平地处黔东南，当时还算富庶。红军很快得到补给，并且进行休整。同时，中央也有时间开会，讨论下一步的行军方向和策略。

1934年12月17日、18日，中共中央政治局在黎平召开会议。会议指出，国民党已经进行了新的军事部署，红军应该放弃原先制定的北上与红二、红六军团会师的计划，而是继续向西，渡过乌江，向兵力薄弱的贵州进军，在遵义开辟临时革命根据地。同时，电告其他根据地的红军展开行动，牵制敌人。例如：让红二、红六军团向湖南进发，牵制湘军；让红四方面军向四川进发，吸引川军北上；让留守在赣南的陈毅部队，坚持游击战争。

1934年12月31日下午至1935年1月1日凌晨，中共中央政治局在贵州瓮安县猴场再次召开了会议，为遵义会议的成功召开奠定了基础。

从湘西到通道、黎平，再到猴场，中央的决策越来越同当时形势的需要相适应，尤其是黎平会议的召开，标志着红军的军事路线终于摆脱了错误指挥，走上了正确的轨道，让广大红军指战员看到了希望和胜利的曙光。

在通道会议和黎平会议期间，红军还做出了一项重大决定，彻底清理随军携带的各种辎重，让红军轻装前进。从这件事情可以看出，当时红军的战略意图更加清晰，为克服后来的种种困难，在思想上和行动执行力上都做好了准备。

毛泽东凝望贵州的层峦叠嶂，感慨中央红军这段时间所经历的艰难险阻，写下《十六字令三首》：

山，快马加鞭未下鞍。惊回首，离天三尺三。

山，倒海翻江卷巨澜。奔腾急，万马战犹酣。

山，刺破青天锷未残。天欲堕，赖以拄其间。

遵义和黎平之间隔着武陵山和乌江，地势相对平坦。敌人已经知晓红军西进的计划，并在乌江西面构筑新的防线，以防止百余里域内的渡口被红军占领。他们甚至烧毁船只，以阻止红军渡河。

乌江发源于乌蒙山东侧的威宁草海，从西南到东北贯穿贵州全境，最终与长江汇合。乌江两岸也是悬崖峭壁，所以有“天险”之称。此时，国民党精锐部队薛岳部正从东面追赶来，与中央红军只差两天路程，红军形势再次告急。

但这一情形反而激发了红军将士的战斗精神。红军一改之前的避战原则，采取积极进攻的方案，强渡乌江。最终结果证明，贵州的“双枪兵”无法与红军抗衡。

罗开富在《红军长征追踪》一书中讲述了一个故事，说当地老百姓认为红军是“天兵天将”，一定有过河的水马和刀枪不入的盔甲，否则怎么能够凭借几个木筏子和简单的浮桥强行渡河？当时负责攻打遵义的先头部队是红一方面军二师第六团，其政委后来说，我们确实没有水马，没有刀枪不入的盔甲，只有一颗不怕艰难、不怕磨难、不怕死的心。

后人曾经多次重走长征路线，只有罗开富真正完全梳理了红军的行军时间和路线。在没有敌人拦阻，没有枪炮威胁，有很多人协助的情况下，他经历了重重险阻，才艰难地走完全程。然而，当年红军急行军，日均行进35千米以上，还是边打边走。为了飞夺泸定桥，红

军更是一昼夜急行军120千米！无法想象，这需要何等惊人的意志力！

1935年1月7日，中央红军攻克遵义。1月15—17日，中央政治局扩大会议在遵义召开。遵义会议是中国共产党和中国工农红军历史上一次具有里程碑意义的极为重要的会议，是中国共产党历史上一个生死攸关的转折点。会议总结了红军第五次反“围剿”失败和长征初期遭遇重大失败的教训，纠正了博古、王明、李德等的“左”倾错误，挽救了党，挽救了红军，挽救了中国革命。

到达遵义不久，红军就得知了敌人的动向。在黎平，红军最初以为贵州的军阀王家烈只有4个师，战斗力低下，还被称为“双枪兵”。当红军进攻遵义后，敌人开始了新的军事部署：首先在遵义增加了防守，国民党调集湘军、川军和滇军，总兵力150个师，40余万人。此时，中央红军只有大约3万人。

此外，这里经济落后，无法支撑大军发展，并非建立革命根据地的理想地区。在地形地貌上，四周都是大江大河，乌江、赤水和长江把这一地区紧紧包围，很容易被困在这里。这种种因素使得中央红军在遵义开辟新根据地的计划困难重重。

遵义会议提出，红军可以北上渡过长江，在四川西北或者西南建立根据地，那里背靠整个青藏高原，经济也比遵义地区好。

于是，遵义会议之后，红军向西北方向的赤水挺进，留下了四渡赤水的军事绝唱。

贵州经济发展缓慢的原因很多，其中地质地貌带来的影响十分关键。贵州的地势整体从西向东逐渐降低。贵州西部地区海拔高于2000米，中部地区则为1000米左右，到了东部则更低。全省到处分布着碳酸盐岩，喀斯特地貌发育强烈。与贵州东部的省份相比，火成岩发育得很少，这说明当初太平洋板块俯冲对这里影响较小。

贵州高山林立，大部分地区都是山地和丘陵，缺少平原和宽阔的谷地，交通不便，缺少耕地，经济发展缓慢也不足为怪。

在晚清时期，由于贵州的气候适合种植鸦片，当地逐渐形成种植鸦片并吸食鸦片的风气，鸦片甚至可以用来交税。贵州经济落后，相应的军阀势力也很弱。所以，红军进军黔北是一个非常好的战略选择，这样就可以避免与实力更强的湘军和桂军交锋。当然，也正是由于经济原因，使得红军无法选择在贵州发展革命根据地。

贵州中部有一座山脉叫苗岭，因为是苗族聚集区而得名，它长约180千米，宽约50千米，海拔1200～1600米，是一级分水岭。其南部是珠江流域，而北部则属于长江流域。

和南岭类似，苗岭也由很多山头组成，东部和西部的地质过程也不一样。西部主要是喀斯特地貌，而东部则是由变质岩组成的断块山。苗岭北部就是贵阳。中央红军在四渡赤水后，经贵阳东部，向南穿越苗岭行进。

第七章 四渡赤水

忆秦娥·娄山关

毛泽东

西风烈，

长空雁叫霜晨月。

霜晨月，

马蹄声碎，

喇叭声咽。

雄关漫道真如铁，

而今迈步从头越。

从头越，

苍山如海，

残阳如血。

红军在遵义休整期间，国民党又调集了近40万军队，从四面八方对该地区进行了合围，这一兵力部署与湘江战役时相当。然而，经过长征初期的磨炼，特别是遵义会议的召开，此时的红军状态已经完全改变，指战员们上下一心，斗志昂扬。

动态地看四渡赤水的兵力布置和行军图，就像在看蛇行的游戏。看似弱小的红军，在四周密布的敌人围堵中，灵活运用各种战术，声东击西、避实就虚、见缝插针、虚虚实实，让敌人云里雾里，捉摸不透红军的战略意图。在红军的行军部署中，敌人外围看似如铜墙铁壁，但是红军总能找到关键的突破口，从而摆脱敌人的围追堵截。

天险，在被攻克之前，是敌人阻击红军的前沿阵地。但是，当红军破除万难，跨越天险之后，天险就成为红军的安全后盾。乌江如此，薛岳的部队追击到乌江，看红军已经安然渡江，就不敢再贸然追击。赤水亦如此，红军在赤水东西两岸四次横渡，其原理也是利用赤水摆脱两岸敌人的围堵。但前提是，必须能够在危险之中抓住那一丝稍纵即逝的机会。

在四渡赤水战役中，信息情报的准确很关键。红军总部设立二局，局长是曾希圣，副局长是钱壮飞。钱壮飞就是侦破敌人情报的专家。在长征途中，二局破译了很多份敌人的情报，中央对国民党的围剿计划一清二楚。如果情报不准，就如同在黑夜里走路，看不清方向。

红军最初的计划是向北渡过长江，进入四川。遵义西面就是赤水，它向北与长江汇合，是从贵州进入四川的重要通道。要想实现这一计划，红军必须占领赤水河边重要的咽喉要道：土城和赤水城。

赤水位于云贵高原北坡向四川盆地的过渡地带，是四川、贵州与云南的边界，是连接三省的重要通道。赤水全长420多千米，水流湍急，发源于云南镇雄县，经过贵州的赤水县，最后到达四川的合江县，然后与长江

汇合。

从小比例尺地形图上看，赤水就像一条巨大的瀑布，从云贵高原倾泻到四川盆地。土城的海拔为325～1120米，而赤水的海拔仅为249米。如果红军占领了赤水城，往北很快就到合江，长江近在咫尺。

当四川军阀刘湘判断出红军将沿赤水入川的战略意图时，惊慌失措，生怕步王家烈的后尘，被削了兵权。于是，他派出精锐部队南下，开赴川黔边境，堵截红军。

1935年1月25日，红军占领了土城，但是此时川军两个旅已经率先进入赤水城，挡住了红军北上的通道。作为先头部队，红一方面军二师继续向赤水城进发，但是和守城敌军发生激战后，迟迟未分胜负。

红军此时对后续尾随的敌军也发生了误判，以为这些军队都是“双枪黔军”，人数不过两个团，很容易被收拾掉。1935年1月28日，红军对尾随部队发起攻击，但是很快发现，这些不是黔军，而是郭勋祺带领的川军精兵。土城战斗进入僵持阶段，形势危急。

这时候，直接向北入川的计划肯定无法顺利实现，而南边尾随的敌军也没有被击退。因此，向西渡过赤水几乎是唯一的选择。西渡赤水之后，可伺机再从宜宾至泸州段北渡长江。

于是红军连夜修好浮桥，1935年1月29日天亮前，大部队安全渡过了赤水。这是红军第一次渡过赤水，进入四川南部。

红军战后总结土城战役，认为这场拉锯消耗战的失误在于情报不准、轻敌及兵力分散。之后，红军从土城之战中吸取了教训，战略部署再也没有出现过类似的失误。

看到红军离开贵州进入四川，滇军和黔军的战略意图达成，不再追击，而是高高兴兴地收场，各自回家。春节就在眼前，只要红军不进入自己的地盘，各地军阀都巴不得“事不关己，高高挂起”。

一渡赤水，红军暂时转危为安。

从土城向西，一路都处在云贵高原和四川盆地的转换边界。向北望去，地势快速下降，四川尽在脚底下。

国民党面对如此形势，赶紧又调兵遣将，严守长江一线，防止红军从宜宾过长江。只要红军向北渡过叙永，后面的追兵就可把红军堵在叙永和长江南岸地区，形成新的包围圈。

此时，敌人在长江南岸已经集结了36个团，红军决定不再继续向北，以免落入敌人利用地形地势形成的新的包围圈，而是突然折向西南，向古蔺、叙永方向行进。1935年2月6日，红军在滇北的威信（扎西）过年。

1935年2月10日，中央军委发布《关于各军团缩编的命令》，对各军团进行了精简与整编，使部队更加精干。扎西整编是一次重要的军事改革，使中央红军的战斗力大大增强。

扎西比较贫穷，大军无法长期驻守。同时，敌人没有停止军事调度，滇军和川军从南北两个方向夹击而来，而赤水东面的敌军力量则比较薄弱。

红军第一次西渡赤水，离开贵州以后，王家烈感到松了一大口气，终于可以睡个安稳觉了。他怎么也想不到，红军会杀一个回马枪。

1935年2月18—21日，红军从赤水河上面的太平渡和二郎滩东渡赤水。尤其是在太平渡，居然无人把守。

二郎滩地处偏远，却十分繁华富庶，这与其得天独厚的地理位置密切相关。赤水连接四川和贵州，川南的物资要通过赤水的水路到达二郎滩卸货，然后走陆路运输到黔北。再往上游走，河况变差，盐船无法通行，也没有好的渡口。于是，二郎滩成为不二的选择。

红军东渡赤水，又一次打乱了敌人的整体部署。按照国民党的思路，红军应该继续向北强渡长江，国民党的整个战略也可相应铺开。可是，红军偏偏没有按照国民党预设的剧本走。

红军东渡赤水后，从赤水西岸的敌人包围圈中跳了出来，但是又要面对东面的敌军。

我们回顾红军长征，会发现红军常常遇到种种的“机缘巧合”。当然，实际情况是所有的机遇都是为努力的人准备的，比如，1935年2月26日的娄山关战斗。

大娄山是四川和贵州的天然界山，夹在赤水河与乌江之间。山脉走向北东—南西，长约300千米，海拔1500～2000米，相对高度达500米以上。这里出露的地层主要是古生代和中生代的石灰岩。当印度板块撞向欧亚大陆时，这里的地层被挤压，形成了北东—南西走向的一系列背斜和向斜，这些翘起的地层就会形成相对低矮的山脉。

我们可以拿一张白纸，放水平后，沿着纸的两边用力向里挤压，我们会发现纸张变形，向上拱起的部分形成背斜，向下凹陷的部分形成向斜。背斜与向斜连在一起，形成波浪。四川与贵州之间的地层经历了类似的挤压过程。

这一地区分布着大量的石灰岩，发育喀斯特地貌，因此有很多大的溶洞。当听说红军要过来时，当地的地主老财们就把金银财宝放到高山溶洞中隐藏起来，其中有的被红军战士发现，分发给了老百姓。

娄山关是从四川进入贵州的门户，其海拔1444米，两侧山峦则高达1600多米，这一地区有很多褶皱，整体像一个“V”形。这种“V”形地形代表着向斜的轴心部位。

1935年2月26日，红军攻占娄山关，而贵州军阀王家烈也派兵前往。在上午11点左右，红军得知，以娄山关为中点，敌我两军只相距约22.5千米。

急行军！除了与时间赛跑，没有更好的办法。

1935年2月26日下午3点左右，红军爬上了娄山关。往下一看，大吃一惊，敌军也已经迫近。

红军从娄山关打退敌人的进攻，随后又乘胜追击，并把前来增援的吴奇伟的部队打得丢盔卸甲，打了中央红军长征以来的第一个大胜仗。

无论如何，遵义此时都不能久留，否则敌人又会形成新的包围圈。从赤水河直接北渡长江已经不可能，现在最好的办法是西进金沙江。但是，红军面临的另外一个难题是，如何才能把驻守金沙江的滇军调离。

且看红军如何再次利用天险声东击西，神妙运兵。

1935年3月16—17日，红军再次西渡赤水，地点选择在茅台镇。之后，大部队休整，只派小股部队继续向西北运动，给国民党造成红军还是要北上渡过长江的假象。

茅台镇的茅台酒这下子可出了名。茅台酒不但酒质好，而且拥有了红色基因，受到后世追捧。茅台酒味道的秘密就在于这一片山水，独特的温度、湿度、植被、微生物群落及酿酒工艺，使其无法在其他区域被复制。据说日本人千方百计想窃取茅台酒的秘方，用高精度仪器分析茅台酒的成分，再用赤水河运来的水及当地的小麦和高粱作为原料，还是酿不出茅台酒的味道。其中最科学的解释可能还是这无法被复制的天然环境。

国民党的部队向西调动。1935年3月21—22日，红军第四次悄悄渡过赤水，向贵阳挺进。

第三次渡过赤水是公开的，其战略意图就是要把敌人吸引到川南，而第四次渡过赤水则是秘密的，实现了在广大空间中的战略机动。当红军第四次胜利渡过赤水，到达黔北两天后，敌人以为红军仍在川南，正做着包围红军的美梦呢。

中央红军在川南和黔北之间来回机动，让蒋介石晕头转向。他既怕红军北上渡过长江；又怕红军占据遵义，经营黔北；还怕红军挥师东进，再次寻找与红二、红六军团会师的机会。于是，蒋介石重新部署，几面合围，想把红军再次包围在黔北和黔西。

蒋介石看到红军被堵在赤水河边，于是从重庆飞至贵阳亲自督战。当红军向贵阳跃进时，他慌了手脚，赶紧调度人马前来贵阳防卫。

此时，红军借机造成要东渡清水江，继续和红二、红六军团会师的架势，把国民党的部队引到黔东。这样，红军西进云南的条件已经成熟。

于是，红军快速绕过贵阳，向昆明急行军前进。

为了保护昆明，驻守在金沙江边的滇军紧急调离，这就给红军渡过金沙江北上创造了新条件。

红军四渡赤水，纵横数千里，大小40余战，歼灭敌军18000多人。这种大开大合、引导全局的作战模式，前无古人，后无来者。这是红军得意之作、神来之笔、传奇篇章。

第八章

苍山洱海等闲看

云南，滇池给人的印象深刻。滇池是西南最大的淡水湖，它南北长40千米，东西平均宽7千米，湖面海拔1886米，犹如云贵高原上的一只慧眼，西山则像其睫毛，省会昆明就坐落在滇池之滨。

在高原上，怎么会形成这么大的一汪淡水湖泊？

滇池的水很浅，平均水深才5米。滇池属于典型的地层陷落形成的洼地积水而成，我们称之为断陷湖。地层在地质构造影响下，会发生不均匀抬升。滇池西部地层抬升得高，形成西山，而东部则相对低，形成洼地。在滇池形成前，这里存在一条古河流，经年累月的河流侵蚀，在目前昆明地区形成了很宽的低谷区，为后续存积淡水、形成湖泊提供了条件。

大理的洱海和滇池类似，也是一个断陷湖。洱海南北长与滇池相仿，约为40千米，整体面积比滇池小，但是平均水深为10米。它犹如一弯新月，静卧在苍山边上。

与滇池西山不同，苍山在剧烈的构造挤压及地层变形中形成，并发生变质作用。所以，在苍山到处可见变质岩。苍山由十九座山峰组成，每两个山峰之间都有溪流潺潺而下，汇入洱海，形成了“十九峰十八溪”的独特景观。

经过地质学家测定，苍山的岩石年龄很古老，大约在19亿年前形成，其年龄和地层特征与东部的扬子地块基底类似，说明大理地区还属于扬子地块，但是已经位于扬子地块的西边缘。在印度板块和欧亚板块碰撞后，苍山逐渐隆升，周边形成断裂带，洱海就是红河断裂带富集形成的断陷湖。我们只要看看横断山脉扭曲的线条

和美丽的大理岩（属于变质岩），便可以想象这个地区到底经历了什么样的剧烈碰撞和挤压过程。

所谓变质岩，就是在构造运动挤压过程中，温度、压力都升高，岩石内部的物质重新结晶而形成的岩石。大理地区原来处于浅海，沉积了大量的碳酸盐岩。经过变质作用，形成了漂亮的大理岩，因产于大理而得名。形成大理岩的原岩成分不一，造成大理岩的颜色各异、花纹丰富。对于颜色纯白且质地均匀的大理岩，我们专门称之为汉白玉，是故宫中最常用的石材。

在洱海附近有著名的蝴蝶泉。蝴蝶泉是地下溶洞暗流溢出地表后形成的，这里温度适宜，泉水清静，泉水边还有一棵可供蝴蝶歇息的合欢树。云南蝴蝶种类多，在特定时间聚集于蝴蝶泉，形成大自然的又一独特风景。

云南第三大湖是抚仙湖，其水深最深，可达155米。抚仙湖也是断陷湖，四周被群山环绕。

云南还有一个著名的断陷湖是泸沽湖，它坐落在云南与四川的交界处。泸沽湖南北长9.5千米，东西宽5.2千米，平均水深达到40.3米。从形成年代来看，泸沽湖比滇池和洱海年轻，属于第四纪中期。泸沽湖沿岸住着许多少数民族，最有特色的是摩梭人，是纳西族的分支，至今还部分保留着走婚制的习俗。

云南的主要大湖多为断陷湖，受大型断裂带控制，因此这些湖也就自然地处于不同构造带的分界处。比如，大理东边属于扬子地块，而西边属于唐古拉—昌都—兰坪—思茅褶皱系。虽然昆明地处扬子地块内部，但是它是滇东台褶带和川滇台背斜的分界线。

从上面分析可知，云南的断裂带大规模分布，基本上呈南北走向。从西向东可以分为三个主要的构造单元：最西面是横断山脉，属于青藏高原的东南缘；中间属于扬子地块；东南属于华南褶皱系。可见华夏古地块和扬子古地块的西分界线深入云南内部。

到云南旅游，玉龙雪山非去不可。玉龙雪山地处丽江市，全长75千米，海拔5000多米，终年积雪。玉龙雪山上分布着泥盆纪和石炭纪石灰岩，是典型的褶皱山。这里的地层不属于扬子地块和华夏地块，而属于滇藏地层。

横断山脉中的大江大河都是小块体之间的缝合线，包括红河、澜沧江、金沙江和怒江。腾冲是中国典型的西南边陲城市。腾冲地区分布着众多的火山和热泉。二战期间，腾冲曾经被日军占领。腾冲的热泉，泉水刺鼻，含有丰富的硫化氢气体，最高水温竟然可高于

100℃。其中最为著名的一个热泉叫“大滚锅”，它直径3米多，水深1.5米，泉水湛蓝，热气蒸腾。鸡蛋放进去，一会儿就可以煮熟。

这说明腾冲地区的地下分布着很多没有喷发出来的花岗质岩浆，这些岩浆的形成与周边板块俯冲活动有关。

除了这种规模相对较小的花岗岩体，云南还广泛分布着峨眉山玄武岩，这些岩石以四川峨眉山的最为典型而得名。这些大面积喷发的玄武岩有个专有名称，叫作大火成岩省。其喷发年代在中二叠世晚期到晚二叠世早期。在几百万年之内，大量的火山喷发出来，对地球变化造成了重大影响。

云南地势多变，无论是在垂向上，还是在横向上，气候分带性明显。尤其是昆明，地处亚热带，但是海拔较高，二者相结合形成四季如春的宜人气候。

当年红军在云南，主要战场在赤水两岸，而在昆明周边则快速通过，没有恋战，其中一个重要原因是昆明东北地区地势平坦，不适合红军开展运动战。况且，当金沙江的守敌南下包围昆明时，红军已经完成了战略调动。当然，红军北上渡过金沙江，正是云南军阀龙云期盼已久的结局，欢送还来不及，绝不愿意为了跟红军作战而拼掉家底，走王家烈的老路。

第九章 巧渡金沙江

金沙江是长江的上游，流经青海、西藏、四川和云南等4个省区，全程2308千米，落差3300多米。可见金沙江所处的地区构造活跃，动力十足。

金沙江的源头是沱沱河，这里也是怒江和澜沧江的发源地。于是在横断山脉的平行山岭间，形成了三兄弟河流，并排向南流去。

我和沱沱河有缘。2007年归国后不久，我获得了中科院的一个知识创新群体项目，到青藏高原沱沱河风火山地区采样，研究青藏高原在不同地质时期的隆升模式。我和我的研究生都是第一次踏上海拔如此高的地区，心中忐忑且兴奋。这里气候多变，需要时刻预防感冒。经过10年探究，最终在国际知名地质学杂志*Earth and Planetary Science Letters*上发表了相关论文，改写了过去对该区构造演化的传统认识。同行的学生们，目前大都已获得副教授和教授职位，心中甚是欢喜。

横断山脉呈南北走向，山间所有的河流走向也如此。金沙江上游确实是由北向南流。可是，在云南省境内的石鼓村北，金沙江突然折转向东，之后又转而向北，在很短的路径内，完成了一个180°的大拐弯（长江第一湾）。这种现象可以很好地用河流“袭夺”原理来解释。最初金沙江与古长江并行从北向南流。可是，在河流侵蚀下，河道变化，最终两条河流合并。金沙江水从此流向了地势更低的长江，变成了长江的一部分。石鼓村也就成了金沙江上下游的理想分界点。金沙江在哈巴大雪山和玉龙雪山之间，通过侵蚀，形成了著名的虎跳峡。出虎跳峡，在元谋和禄劝一带，江面变宽，水流相对变缓，于是建造成几个著名的渡口，如龙街渡口、洪门渡口及皎平渡口等。

金沙江下游流过的地区，曾经历过非常复杂的地质构造运动。在三叠纪的时候，这里还是一片汪洋大海，云南出露的大片海相碳酸盐岩就是在此时期形成的。到三叠纪末期，陆壳隆升，该区成为陆地，沉积了侏罗纪及白垩纪的陆相物质。白垩纪末期的构造运动，使四川盆地以西的地区继续抬升，终于变成了高原，横断山脉也因此形成，与之匹配的南北向河流体系也随之形成。这一地区的沉积物非常复杂，各个时期的沉积物都有出露。

红军从贵州进入云南后，在地势上他们越走越高，想要和北面的红四方面军汇合，北渡金沙江是必然的选择。

云南军阀龙云此时的心情较为复杂。贵州的王家烈和红军硬碰硬，被打得丢盔卸甲落荒而逃，蒋介石顺手就削了他的军权。显而易见，龙云最好的策略就是赶紧“恭送”红军北上，离开云南。而此时，红军正因缺乏高精度云南地图而发愁。恰巧，在曲靖西山乡关下村，红军居然截获了龙云的一辆汽车，车上有一张1：10万比例尺的地图，这为红军找到金沙江渡口提供了重要的军事信息。

红军渡金沙江的渡口是皎平渡口，位于大凉山南面。1935年5月初，3万多红军将士靠着7条小船，安全地渡过了金沙江。

大家不免会问，为什么一定要在渡口过河？

陆地被河流阻断，为了衔接两边的道路，就在相邻的河边建起渡口。因此，渡口和陆地上的道路合在一起，形成完整的交通网络。这些渡口基本上都是人们在长时间的经济与贸易来往过程中逐渐形成的，也是军队行军中的重要节点。

渡过金沙江之后，红军又暂时脱离了被围困的危险。

既然中央红军选择从皎平渡口过金沙江，而红二、红六军团为何选择长江第一湾的石鼓渡口？

我们当然不能纸上谈兵，红一方面军与红二、红六军团的处境完全不一样。如果红一方面军没有缴获龙云

的地图，想要搞清楚当地的地形地貌和渡口分布还需时日。当时，离红一方面军最近的渡口就是皎平渡口，绝无舍近求远走石鼓渡口的道理。另外，走大凉山一夹金山一线，是寻找第四方面军最短的路线，在当时是最优先的决策。红二、红六军团的主要目的是要和红四方面军会师，因此走石鼓渡口也是最合理的选择。

历史不容假设。

当红军到达金沙江南岸时，红一方面军首先占领了龙街渡口，但是并没有找到船只，架设浮桥也没成功。红三军团则攻占了洪门渡口，架设浮桥，只渡过了一个团，浮桥就被湍急的流水冲垮，而被迫停止渡河。皎平渡口则成了红军过江的最后希望。

1935年5月3日，红军军委干部团突袭皎平渡口，缴获两只木船，并迅速派两个排过江，消灭了对岸守敌一个连和江防大队一部。

干部团巧夺皎平渡口，为红军主力过江扫平道路。之后，大家齐心协力，努力搜寻船只，一共获得7只木船。船少人多，红军靠铁的纪律，按照要求分批次井然有序地过江。至1935年5月9日，负责殿后的红五军团也顺利过江。至此，红军主力跳出了敌人的包围圈。尾随而来的薛岳主力部队，在7天后才到达皎平渡口，只好望江兴叹。

皎平渡口这一地区，地形复杂，会出现局部气候异常现象。相传诸葛亮在平定当时西南少数民族地区时，挥师经过这里，留下“五月渡泸，深入不毛”的记录。在罗开富所著的日记体《红军长征追踪》一书中，描述了他经过皎平渡口时的感受：

“金沙江皎平渡的江面宽约300米，两岸都是山，没

有树木。从岸上走到江边需要几个小时。当时为5月份，在岸上的时候，气候还很凉，要穿毛衣。可是，越往江边走越热，最后只能穿衬衫。”

罗开富当时很是疑惑，没有解开这个气候异常的谜团。其实，这是该地区典型的“干旱河谷”现象，其形成受到多种地质因素的影响，主要包括地形环境与大气环流等。在当地，高大山地对气流有屏障拦阻效应，于是形成降雨丰富的地区。江面一般在低洼峡谷区，垂向地形变化大，容易形成气温高但降水少的环境。河流两边的水分蒸发强烈，少植被。皎平渡口就处于一个局部干旱的区域。

第十章 强渡大渡河

越过皎平渡口，红军离开云南，向川西南挺进。这里属于云贵高原的北缘，横断山脉系列。往北则是大雪山脉和邛崃山脉，中间夹着大渡河。大渡河在安顺场处，突然90°拐向东，向着低洼的四川盆地流去。

从地势上，这里属于第二级阶梯。红军尽量避免走第一阶梯——青藏高原。在长征途中，红一方面军始终想北渡长江，而不是一直向西去敌人兵力薄弱的西藏地区。这是因为当时西藏地区人口以藏族为主，人口密度低，无法及时补充兵源。同时，这一地区经济较落后，无法维持军队的正常发展。此外，这一区域远离中国政治中心，难以影响全国的政治局势，对红军将来的发展不利。

红军即将行至大凉山，彝族人聚集的地方。彝族是一个非常古老的民族，与汉族的文化发展一样悠久，他们有自己的语言和文化体系。但是，在历史发展中，受到不同时代的统治阶级压迫，在红军到来时，彝族与汉族之间的关系并不好。

中央红军渡过金沙江，往北到达会理。红军从1935年5月8—16日，一直攻打会理，却未能成功。于是，红军放弃会理，直接北上，到达冕宁。冕宁以北113千米就是著名的安顺场渡口，之间夹着彝族聚居区。

红军谨守民族政策，不与彝族民众发生冲突，赢得了彝族同胞的认可。红军将领刘伯承还与当地首领小叶丹歃血为盟，留下一段佳话。

过了彝族区，前方就是大渡河。

大渡河起源于青海省，河水波涛汹涌。其形成也与印度板块和欧亚板块碰撞及青藏高原隆升有关。在青藏高原东缘，河流逐渐下切，形成大型河谷。前人研究表明，在大渡河区域，这种快速下切的进程大概始于1000万年前，目前下切过程仍在持续进行。大渡河的90°拐弯与金沙江石鼓的长江第一湾类似，也应该指示着这里曾经发生过河流袭夺现象。

红军要渡过大渡河，第一选择的渡口是安顺场渡口。这里自古以来曾发生过许多军事故事。例如，19世纪中叶，太平天国起义军在这里折戟，翼王石达开被擒。面对波涛汹涌的大渡河，石达开发出“大江横我前，临流曷能渡”的悲叹！

红军到达此地，得知当地的长者还曾亲历石达开大军被灭的情景。

大渡河两岸是高山，安顺场渡口的水面有300米宽，河水流速达到4米/秒。水流湍急，漩涡丛生，礁石暗生，无法泅渡，也无法架设浮桥。即使是用渡船，也需要有经验的船工协力才能渡过，一不小心就会船毁人亡。

敌人在红军来到大渡河之前就已经进行了部署，他们把大渡河南岸所有船只与造船材料搜集起来销毁。红军到达安顺场时，能否找到足够的船只，成为关键一步。

当时，驻守南岸的敌人是第五旅营长韩槐阶部。他下令把船只和粮食全部运往北岸，准备24日集中烧毁。不料，第24军彝务总指挥部营长赖执中却打起小算盘，安顺场有他的很多私有财产，万一红军不来安顺场，那烧掉的财产就太可惜了。于是，他计划先不烧这些船，而是伺机行事。另外，为了逃命，他在安顺场南岸偷偷地给自己留了一只船。就是这只船，给红军帮了大忙！

5月25日，这只小船载着17名红军勇士强渡大渡河。在渡河战斗中，红军炮神赵章成用仅剩的几发炮弹立下奇功。他炮无虚发。第一炮打掉了对岸川军的碉堡。之后，红军的炮弹也犹如长了眼睛，砸向反扑的敌人，命中敌人的指挥所，打乱敌人的队形。

红军控制住了安顺场渡口，并在北岸又找到几只小船。可是在船只有限的情况下，全军预计需要一个多月时间才能完成渡河。而此时，敌人的部队也即将到达安顺场，形成新的合围圈。

5月26日中午，红军首长来到安顺场，当机立断，决定红军即刻向北，急行军占领泸定桥。具体的部署是：大渡河东西两路同时前进，在大渡河东岸，已经过河的部队为东路部队；河西岸，由红二师作为西路纵队。安顺场距离泸定桥160多千米，红军最少需要两天半时间才能赶到。

泸定桥始建于清康熙四十四年（1705年）九月，建桥目的是加快藏族和汉族之间的物资周转，同时便于清政府的军队调度。这是一座铁索桥，全长103.67米，宽3米。桥面用9条铁索链组成，两边桥栏各2条。每条铁索链都是由铁环相扣制成，一共有12000多个铁环，工程量巨大。

泸定桥的建造凝聚着当时工匠们的智慧。为了把铁索链运过河，人们利用了“索渡原理”，也就是先用竹子制成竹锁链，在竹锁链外部再套上几段可以滑动的竹筒。把铁索链连在竹筒上，滑动竹筒就可以把铁索链运过河。可以说，这座桥是该区的经济动脉，没人愿意主动把它炸毁。

为了防止红军过桥，敌人除了在东侧桥头构筑工事外，还把桥面铺的木板撤走。即使如此，红军仍然勇夺泸定桥，令人惊叹。

所谓“蜀道之难，难于上青天”。在行军路上，红四团遇到重重困难。到了晚上，漆黑一片，很难快速在山路上行军，如果不出奇招，就很难按照原定部署赶到泸定桥。红军首长王开湘和杨成武看到对岸敌人手拿火把，也命令战士们点起火把，这不但照亮了道路，同时也迷惑了敌人，因为敌人不会想到，也不会相信，红军此时能够出现在此地。

5月29日下午4时，红军夺桥行动正式开始。此时，红军面对的是被抽取木板的铁索桥，只剩下13根铁索悬空，而下面是滔滔江水。在桥的东头，敌人早已构筑好了工事，形成了立体的火力交叉网，何其艰险！

冒着枪林弹雨，22名突击队员开始行动了。他们装备了当时红军最好的突击武器，每人手持冲锋枪和短枪、马刀和12颗手榴弹。他们扶着桥边的铁栏，踩着脚下的铁索，向前冲锋。后面的战士紧随铺设木板。此时，东路红军也已经到达距离泸定桥25千米的龙八步，并开展进攻。这一消息无疑打乱了守桥之敌的战略部署，让他们慌了神并乱了阵脚。

最后，红四团伤亡了3名突击队员，攻克了天险泸定桥，成为战争史上的奇迹。飞夺泸定桥的精神，激励着一代又一代年轻人，直面困难，发起“冲锋”！

世上无难事，只怕有心人。

世上无天险，只怕意志坚。

第十一章
翻越夹金万里险

过了大渡河，中央红军距离和红四方面军会师的战略目标就更近了一步。此时，红军能够挥师东进，进入四川盆地吗?

以当时中央红军的实力，很难与四川军阀相抗衡。后来红四方面军在拥有精兵强将的情况下，与川军决战百丈关，最终也被迫撤退。事实证明，四川军阀的战斗力不弱。所以，这种情况下中央红军直接攻打四川非常不现实。摆脱敌人围堵，北上与红四方面军会师，是当时的第一战略目标。

在中央红军北面，是夹金山、邛崃山和岷山组成的一道南北向山脉。往西是茫茫的青藏高原，往东就是四川盆地。这一道南北向山脉，构成第一阶梯和第二阶梯的分界线。

在这道山脉隆起前，这里曾是浅海。在三叠纪至早侏罗世，发生了一次大规模的印支运动，中国的主要块体都拼接在一起，并在块体边界形成了褶皱带。川西和滇北地层也隆起，形成岷山、邛崃山、大雪山等。

邛崃山脉南北绵延约250千米，是岷江和大渡河的分水岭。由于其东西两侧地势差别巨大，因此也成为四川盆地和青藏高原的地理界线。所谓褶皱，就是在构造应力的挤压作用下，古老的水平地层发生弯曲，向上翘

起，导致地形起伏。因此，出露的岩石和地层会比较丰富。夹金山海拔5338米，山体由花岗岩、石灰岩、大理岩、砂板岩等组成。夹金山也是中央红军在长征路上翻过的第一座大雪山。

在夹金山当地流传着这样一首民谣——“夹金山，夹金山，鸟儿飞不过，人不攀。要想越过夹金山，除非神仙到人间！”

在200多年前的清乾隆年间，大小金川内斗。去往金川要通过夹金山，夹金山成为战略要地。为了平定骚乱，清政府派大军西出夹金山。结果，经过几十年的大小战役，在大小金川这弹丸之地损兵折将，耗费大量财力才得以惨胜。

如果看地形地貌就可知道，夹金山地势险峻、海拔很高，易守难攻。当然，清政府兵将无能，也是一个不可回避的事实。不过，清军征战大小金川，却给红军当了开路先锋，证明这座大山是可以被征服的。

夹金山呈南北走向，距离成都非常近，红军不宜在此地久留。此时，红军面临着三条路线选择：夹金山西侧、东侧或直接翻越。前两条大路容易走，敌人也能预料到。所以，走夹金山两侧的大路会遇到敌人的阻击，而直接翻越天险，兵出险招，这是敌人没有预料到的。

要了解雪山，就需要了解雪线这个概念。一般情况下，地势越高，温度越低。所以，在高山的上半部分，降雪不易融化，形成常年积雪的现象。所谓雪线，就是积雪速率与融雪速率达到平衡的那个高程线。

影响雪线高程线的因素很多，包括气温、降水量和地形条件等，所有这些条件需要综合在一起考虑。第一，温度越低的地方，雪线高程也就越低，从低纬度向高纬度地区，气温下降，雪线高程逐渐降低，以南极为例，南极的地表就常年积雪；第二，降水量对雪线的影响也很大，如果降水量大，降雪量高于融化量，就会积雪，雪线高程就会降低；第三，从地形条件来看，如果是阳坡，吸收阳光足，雪就容易融化，雪线就会升高，如果是陡峭的山崖，就不容易积雪。

除了在高山顶端有雪线以外，在大海深处，也有一条类似的线，就是碳酸盐补偿深度。海洋中有些生物具有碳酸钙外壳。当生物体死后，其碳酸钙外壳就会沉降，沉积在海洋深处，同时又会发生溶解现象。在海洋某一深处，当碳酸钙沉积速率和溶解速率达到平衡时，就形成了碳酸盐补偿深度。这个深度之下，碳酸钙沉积几乎全部溶解。

高海拔地区的气候变化多端。当初笔者在青藏高原沱沱河地区工作时，经常会遇到刚刚还是大晴天，来一片云就下雨的情形。雪山上更是如此，恶劣的气候造成了很多红军战士牺牲，炊事员和担架员占比很大。因为炊事员想尽可能多带物资，担架员尽量不放弃一个伤员。在翻越雪山时，最终导致体力不支。

长征万里险，最忆夹金山。翻越夹金雪山的艰险，让亲历过长征的老一辈革命家们无法忘却。

在翻越夹金山前，红军途经宝兴，那里是大熊猫的故乡。

熊猫是一种神奇的哺乳动物，是中国的国宝。它体态肥硕，看起来憨态可掬。其实，熊猫是实实在在的熊科动物。别看平时吃竹子，但它嘴巴的咬合力和战斗力非一般野生动物可比，豺狼等一般食肉动物，见到熊猫也要躲得远远的。熊猫进化到吃竹子阶段，这种食谱的改变与自然环境变化相关。

熊猫的祖先是实实在在的凶猛食肉动物，在中国古代，熊猫被称为食铁兽，即使演化至今，其锋利的犬齿还没有退化，这说明熊猫其实可以吃肉！

熊猫的始祖生活在800万年前，人类祖先的出现比这稍晚。800万年以来，地球的最大特点就是温度逐渐变低。这必然会造成生活环境与饮食结构的变化。选择生长茂盛且四处可得的竹子作为主要食物，是一种不错的生存策略。

翻越夹金山，中央红军与红四方面军在懋功胜利会师，这极大地震惊了国民党。

1935年6月26日，党中央在两河口召开政治局扩大会议，商讨两军会师之后的战略方针，会议决定继续北上，建立川陕甘革命根据地。红四方面军领导人则坚持南下川康。

由于红四方面军领导人的分裂思想与错误行为，耽误了红军整体北上的最佳时机。直到1935年8月20日的毛儿盖会议，才最终解决中央红军与红四方面军的军事战略分歧及中央领导层人选问题。

红军长征的下一步就是更为艰苦的草地征程。

第十二章 跋涉松潘草地

与夹金山相比，红军后面面临的另外一个天然屏障，其困难程度更大，那就是一望无际的松潘草地！

“爬雪山，过草地”，是红军长征的代名词。

为什么过了雪山，接着就需要征服大片的草地？二者有什么联系吗？

松潘草地，是青藏高原上一块相对低洼的地区，但是其海拔也在3500米以上。其纵横300余千米，面积约1.52万平方千米。草地四周被西倾山、岷山、巴颜喀拉山环绕。因为草地地势平坦，河道曲折，草地间遍布河道，于是形成大片沼泽。水草盘根错节，连接成草甸，漂浮在沼泽之上。人和骡马若想在草地通行，需脚踏草甸前进。要是一不小心掉入沼泽，就会陷入危险境地。沼泽生长的植被主要是藏蒿草、乌拉苔、海韭菜等。

我们不免会问，在海拔这么高的地区，怎么会突然出现这么一块突兀的洼地？

首先要注意到，这里海拔3500多米，属于典型的高原区。与东部的四川盆地综合在一起分析，其地形地貌变化就会更加清晰。自西向东，首先经过松潘草地所在的若尔盖高原，这里地势相对平坦；然后是地势起伏剧烈的龙门山断裂带，地势起伏0.5～5千米；接着再往东就是海拔高度仅为500米的四川盆地。

从地质构造上，若尔盖高原属于强烈变形变质。其顶部之所以相对平缓，是因为在被强烈构造运动抬升后，其顶部地层经历了剥蚀，把相对较高的地形给抹平了。龙门山地形属于强烈变形阶段，这里构造活跃，地震频发。到了四川盆地，其内部基本上没有发生变形。

我们把以上的地形地貌结合在一起就会发现，从西向东是一个典型的高原、高原-盆地过渡带及相邻的盆地。三级地貌单元结构非常明显。

关于若尔盖高原的成因，众说纷纭。有的学者认为，这里是和青藏高原一起隆升的；也有的专家认为，在青藏高原整体隆升前，若尔盖高原就已隆升到了一定高度。

通过测量若尔盖高原深部的岩石基底，发现其年龄非常古老，形成于20亿年前的元古代。它的岩石性质与西部青藏高原的羌塘地块基底差异非常明显，而与其东部的扬子地块的基底类似。这说明，若尔盖高原应该归属于扬子地块，而非青藏高原。

平坦的地层在构造挤压下，往往会发生强烈褶皱，就如同把一张毛毯从两边向中间挤压，薄薄的毛毯通过变形重叠，会变成厚厚的一堆。

如果地层完全是水平的，我们就只能观察到最顶部

的岩石。可是，如果地层发生了褶皱变形，其顶部又被剥蚀，那么在地表就可以看到不同时代的岩石。在松潘地区，地表裸露出来的岩石类型相当丰富，包括三叠系千枚岩、片岩、砂岩、粉砂岩、泥岩、泥灰岩，以及古近系和新近系的砾岩等。

红军长征过草地时正值雨季，这使得泥泞的沼泽更是危机四伏。寒冷、孤独、缺衣、少粮，还有无处不在的潜藏危险。红军在草地宿营，只能找一个地势相对高的地方休息而已。这些因素加在一起，让红军遭受了很大的损失。红军三个方面军先后3次过草地，有1万多人永远留在了草地，没有走出来。

很多人会问，红军为什么明知草地险，偏向险境行？

从1935年6月26日两河口会议到8月20日的毛儿盖会议，红军耗费了1个多月才消除了中央红军与红四方面军的分歧。在此期间，国民党的主力部队已经在松潘地区集结完毕，在岷江以西、懋功以北地区形成北、东、南三面包围之势。至此，红军北上，攻占松潘的战略时机已经丧失。

红军在川西北缺衣少粮，处境日益困难，必须即刻行动，寻找新的突破。松潘草地是天险，国民党指挥层不相信红军会冒险穿越草地。但是，红军不会听从国民党的“安排”，再次决定突破固化思维模式，兵分左右两路，进军草地。中央红军总部跟随右路军一起行动。最初的计划是：左路军进军阿坝地区，攻下阿坝后，即刻向北进攻，打通阿坝到墨洼路，以接引右路军；而右路军则向班佑、巴西前进，为向北攻占夏河流域抢占先机。左右两路大军呈掎角之势，相互支撑。

红军过草地艰险无比，主要困难包括：

①天气变化无常、恶劣，夜间气温常常降到0℃以下；

②地理环境复杂，草地无路可循，千年沼泽对行军战士造成致命威胁；

③缺少粮食和保暖物资，红军战士饥寒交加，体能下降快，甚至陷入泥潭都没力气爬出来；

④路途遥远，红军战士需要一周时间才能走出草地，是对体力和耐力的全方位考验；

⑤南方战士缺乏高原生活经验；

⑥敌人的骚扰，草地中也会有一道道山梁，敌人骑兵会在这些地方设伏，阻击红军。

正常情况下，无人敢挑战草地险滩。可历史不容假设，红军以坚强的意志，毅然决然地开进草地，向最恶劣的自然环境发出挑战，在付出重大牺牲之后，再次跳出敌人的包围圈。敌人在岷山两侧预设的防线再一次失灵。

在整个长征路上，敌人无数次形成包围圈，看似铜墙铁壁，但是没有一次能成功阻截红军。这里面的因素很多，比如红军高效的情报系统、敌人之间的内斗，以及敌军的麻痹大意，等等。但是，每一次重要关头，中共中央的英明决策、红军将士们不怕牺牲的革命精神和不畏艰难的英雄气概，才是最终能冲破枷锁、实现突围的关键因素。

红军到达班佑之后，决定向巴西、包座进军。

当我们赞叹红军高明的战略时，也不会忘记红军作战的英勇。两军相交，狭路相逢勇者胜，包座之战就是一次典型的攻坚战。红军面对的守敌为国民党第49师，该师满员12000人，装备精良。进攻包座的是红30军，过草地之后只剩下13000人，装备和敌人无法相比。

战斗中，红军缺少弹药，于是就发挥拼刺刀精神，拼死和敌人近身搏杀，以避开敌人火力优势。战斗最激烈时，红30军所有人，包括炊事员和饲养员，一起拿起武器，冲向敌阵。

敌人从未见过这样大无畏的军队，最后被全线击溃。红军歼敌4000余人，俘虏800余人，缴获大批军事物资，粉碎了敌人围困红军于草地的企图。如果国民党第49师师长伍诚仁及其官兵了解到红军是如何冒死强渡湘江、力克娄山关、飞夺泸定桥、爬雪山过草地，以及之后是如何强夺腊子口的，那一定不会觉得自己的战败是偶然。

第十三章 红旗漫卷六盘山

清平乐·六盘山

毛泽东

天高云淡，

望断南飞雁。

不到长城非好汉，

屈指行程二万。

六盘山上高峰，

红旗漫卷西风。

今日长缨在手，

何时缚住苍龙？

红军突破腊子口之后，他们即将面对的是行程中的最后一座高山——六盘山。这座高山呈南北走向，山脊海拔超过2500米，最高峰米缸山高达2942米。据说六盘山山道迂回曲折，需要经过六重盘道才能到达山顶，因而得名“六盘山”。还有一种说法就是，当初在山上有鹿，人们顺着鹿的足迹走出了盘山道，于是此山就叫“鹿盘山”，经过谐音演化，最终变成了“六盘山”。以六盘山为界，黄土高原被分为陇西高原和陇东高原。

1935年10月7日，中央红军翻越了六盘山。从此，红军开启了新的局面。

红军之所以要翻越六盘山，是要和陕北根据地的红军战友会师。此时，中央红军只剩不足万人。但是，经过大浪淘沙，这些人都非等闲之辈，都是身经百战的最优秀的指战员。此时，陕北还活跃着刘志丹的部队。如果能合兵一处，就能大大增强中央红军的实力，并重新扩大陕北根据地。

与之前的夹金山相比，六盘山在红军眼中就算不上什么障碍了。

六盘山是中国山脉当中非常年轻的一座山。这里出露的几乎都是沉积岩。这说明六盘山地区也大致经历了凹陷沉积与挤压隆升这两个阶段。

地球永远都处在动态变化之中。沧海桑田，过去的大海可以变成高山。地质时间积累的效果，超出常人想象。它的时间运行单位动辄以百万年计。空间变化不需要多，只要每年变化几厘米，在百万年尺度上，就可看到巨变。

前人研究表明，早在距今130百万～125百万年（早白垩世），六盘山地区是一个盆地，属于拉张阶段，整体向西拉张。到了距今125百万～109百万年，盆地逆时针进行了小幅度旋转。到了距今109百万～103百万年，盆地萎缩消亡，整体开始抬升，这可能是受到了燕山运动的强烈影响。当距今55百万年之后，印度板块和欧亚板块碰撞，青藏高原隆升。构造应力传递到青藏高原东北缘，对六盘山地区再次产生构造挤压作用。

六盘山是一条重要的气候分界带。在六盘山东面，东亚夏季风可以带来湿润的水汽，使半山腰地带降水较多，气候湿润，具有大陆性和海洋性季风边缘气候特点，利于林木生长。于是，在一片橙黄色的黄土高原中，六盘山成了一片绿洲。

六盘山东侧地区的土壤，受到更多水汽的作用，其成壤作用较强，土壤特征明显。因此，科学家就可以利用六盘山东侧的土壤特征，研究亚洲季风的演化。六盘山西侧地区，亚洲夏季风被部分阻挡，因此气候偏向干旱。好处在于，这里的土壤可以保留更多的原始沉积特征。所以，科学家对六盘山两侧的土壤都很喜爱，从不同土壤特征可以获得不同的气候演化信息，各得其所。

在一片茫茫黄土的干旱地区，六盘山这么一片绿洲，自古就成为天然的交通要道。公元前220年，秦始皇就曾视察此地。之后，汉武帝刘彻、成吉思汗等大人物都曾到此考察。尤其是刘彻在此地修建的“回中道”，奠定了丝绸之路东段北道的基础。

由于其东西两侧显著的气候差异，这里成了北方游牧文化与中原文化的结合部。对于在蒙古草原的游牧民族来说，六盘山的地理位置刚好位居中心，这里四通八达，是重要的战略要地。在蒙元帝国扩张时期，六盘山更是成了蒙古大军的大本营。成吉思汗在这里制定了联宋灭金的计划。忽必烈时期，六盘山也是蒙古大军攻取大理、南宋的中枢。

第十四章

会师！黄土高原

沁园春·雪

毛泽东

北国风光，千里冰封，万里雪飘。
望长城内外，惟余莽莽；大河上下，顿失滔滔。
山舞银蛇，原驰蜡象，欲与天公试比高。
须晴日，看红装素裹，分外妖娆。
江山如此多娇，引无数英雄竞折腰。
惜秦皇汉武，略输文采；唐宗宋祖，稍逊风骚。
一代天骄，成吉思汗，只识弯弓射大雕。
俱往矣，数风流人物，还看今朝。

红军经过两万五千里长征，终于在陕北的黄土高原扎下根。

黄土高原面积很大，主要分布在太行山以西、青海省日月山以东、秦岭以北、长城以南的广大地区。海拔高度超过800米。

整个黄土高原地区属于构造抬升区。凸显的六盘山是黄土高原构造抬升最高的地区。最为神奇的是，这里有厚达100～300余米的黄土。中间夹杂着暗红色的古土壤，韵律明显。

经过多年的争论，科学家基本达成了一致意见。这漫漫的黄土地，其物质来源叫作风尘，也就是风吹来的粉尘。如果看过沙漠风暴就可知，风可以把小颗粒粉尘吹到空中。大一点的颗粒会就近重新沉积下来，而更小的粉尘颗粒可以随风飘很远。小于8微米的颗粒，甚至可以随着西风绕地球转一圈。

在黄土高原地区，主要的风力来自东亚冬季风。

所谓季风，就是随着季节变化而改变风向的风，在大陆和海洋相互作用下效果显著。陆地和海洋的温度变化规律不同。陆地容易升温与降温，而海洋相对稳定。在冬天，陆地降温快，容易形成低温高压气流，于是风从陆地吹向海洋。反之，在夏天，陆地升温快，容易形成高温低压气流，于是风从海洋吹向陆地。

东亚地区是典型的陆地与海洋相互作用的季风区。在我国东部和东南地区，从海洋吹来的夏季风风向为东南，可深入中国内陆，并富含水汽；而冬季风来自西伯利亚，风向为西北，干燥寒冷。

地球的温度整体也在波动，时冷时暖。冷期叫作冰期，暖期叫作间冰期。研究表明，冰期冬季风更强劲，夏季风微弱。于是，在黄土高原地区会随着冬季风吹来很多粉尘，沉积下来，形成厚厚的黄土层。由于降水稀少，黄土层能够保留原生结构，非常结实牢固，提供了建造窑洞的土层条件。在间冰期，夏季风强，带来大量降水。同时，冬季风弱，沉降的粉尘也少。于是，这一时期的土层变薄，而且会受到成土作用的改造而发红，同时会变得致密一些，刚好可以为黄土层的窑洞挡水。

这就是为什么会在黄土高原看到土壤红黄颜色相间变化的科学解释。

黄土高原沟壑纵横，地形地貌变化较大，主要地貌类型可分为塬（或原）、梁和峁。黄土是水平沉积，所以其初始顶面以大面积平面为主。这种大面积的平地适合居住。黄土容易被水流侵蚀，如果形成一条一条的形状，就叫作梁。如果继续切割，形成一个个孤立的“馒头”状的地形，就叫作峁。

当气候较为湿润时，黄土高原植被发育，一片绿荫。当气候变为半湿润，甚至干旱时，植被减少，黄土裸露，很容易被雨水冲刷，染黄了黄河。这些泥沙物质随着黄河奔腾向东，沉积在黄河出海口，形成三角洲。

在黄土高原地区，还有两条著名的河流——泾河与渭河。泾河携带黄土高原的黄土冲向南面的关中平原。关中平原长400千米，宽50～150千米，南面就是秦岭，是华北与华南的分界线，这里也被称为“八百里秦川”。

我们所学的成语中，有一个词叫作“泾渭分明”，描述的正是泾河汇入渭河时，两者之间的颜色有十分明显的差别。我们不免会问，这两条河到底哪条更清澈些？其实，这与河流上游的开发程度密切相关。开发得

越厉害，土壤侵蚀也就越厉害，随之下游河流也就越浑浊。所以，渭河和泾河都曾有过更清澈或更浑浊的历史，这反映了气候与人为因素的双重影响。

关中平原是冲积平原，土质肥沃，是古代的大粮仓。秦国统一六国，没有关中平原的粮食支持很难成功。关中平原是高地之间的狭长断陷盆地。在关中平原东西两边有窄窄的出口，被当时的人们加以利用，建造成“一夫当关，万夫莫开”的关口——函谷关和大散关。“关中”一名就由此得来。

长征结束后，红军与国民党军在陕西形成了新的平衡态势。国民党军占据着丰饶的关中平原，而红军则以北面的黄土高原为主场，拓展革命根据地，其中枢就位于高原正中央的延安。

优秀的中国共产党人，在黄土高原一隅，也能心怀天下。他们的心胸是何等广阔，艰难险阻拦不住，崇山峻岭遮不住，为民族解放、为人民幸福、为共产主义理想，忘我牺牲、无私奋斗！

附录　地质概念科普解释

（按拼音首字母排序）

1. 背斜：岩层在地质挤压作用力下会发生塑性变形，地层向上弯曲形成背斜。

2. 变质岩：自然界中分布着沉积岩、火成岩与变质岩。其中，变质岩的原岩是火成岩或沉积岩。当地质环境发生改变，这些原岩中的矿物成分、化学成分及结构与构造发生变化。通过上述过程形成的新岩石叫作变质岩。

3. 冰期：地球表面温度不是恒定的。当全球长时间普遍降温时，高纬度或高山地区冰川大规模发育，称之为冰期。与之相应的暖期叫作间冰期。

4. 部分熔融：在地球深部，岩石的一小部分易熔组分会在高温下发生熔融作用，进而形成岩浆，因而称之为部分熔融。

5. 草甸：某一地区，在适中的水分条件下，会发育多年生草本为主体的植被类型。

6. 超级大陆：在地质历史时期中，地球表面的主要陆块联合在一起，形成的一个联合古陆。

7. 沉积岩：在地表，各种原始物质成分，经搬运、沉积及沉积后作用而形成的一类岩石。

8. 成土作用：地表残积物通过生物风化、物理风化和化学风化作用，形成土壤的过程。

9. 大理岩：碳酸盐岩（如石灰岩）经高温、高压变质而重新结晶形成的岩石。因产于中国云南大理而得名。

10. 丹霞地貌：陆相沉积地层中，有一类地层为红色。这些红层经过地质作用发育成具有陡崖坡特征的地貌。

11. 地幔：地球内部分为三层，包括地壳、地幔和地核。地幔处于中间层，其厚度约2850千米。

12. 地幔热柱：产生于地幔底部的一大团温度较高、密度相对较低的物质，缓缓上升至地壳浅部，并发生部分熔融，喷出火成岩。

13. 冬季风：在冬季，由大陆冷高压吹出的风。

14. 断层：地层受力发生断裂，沿断层面两侧岩块发生显著的相对位移，形成断层。

15. 断陷湖：由断层陷落而形成的湖。

16. 峨眉山玄武岩：中二叠世晚期至晚二叠世早期，在我国西南各省，如川西、滇、黔西及昌都等地，喷发出大量的玄武岩。因命名地点在四川峨眉山，从而被命名为峨眉山玄武岩。

17. 风成黄土：在中国黄土高原地区，沉积了厚厚的黄土。这些黄土是亚洲冬季风吹来的粉尘形成的。

18. 风化作用：地表或接近地表的各种岩石会与大气、水及生物接触，从而产生物理化学变化，最终岩石瓦解，形成松散堆积物。这个过程称之为风化作用。

19. 俯冲带：当大洋板块与大陆板块相遇时，大洋板块会俯冲到大陆板块之下，这一俯冲部分称之为俯冲带。

20. 干旱河谷现象：在某些河谷区，由于地形地貌使得热量分布不均。干旱河谷区的温度高，湿度低。

21. 高原：一般指海拔高度在500米以上，地势相对平坦的广阔地区。有些高原上地势会有一定起伏。

22. 河流袭夺：处于分水岭两侧的两条河流，其侵蚀速度会有差别。其中一条河流的侵蚀力较强，它会切穿分水岭，抢夺另外一条河流的上游河段，这称为河流袭夺。

23. 横断山脉：在川、滇两省西部及西藏自治区东部分布着一系列南北走向的山。我们把它们总称为横断山脉。

24. 胡焕庸线：中国地理学家胡焕庸在1935年提出，我国人口密度不均匀。沿着黑河—腾冲一线，具有明显的人口密度分界，这条分界线被称为胡焕庸线。

25. 花岗岩：属于酸性侵入岩，颜色多为浅肉红色、浅灰色、灰白色等。花岗岩密度相对小，是大陆的标志性岩石。

26. 华北克拉通：华北克拉通北邻中亚造山带，南接秦岭–大别山，是中国最大、最古老的陆块。

27. 华南褶皱系：又称华南准地台。它在加里东期形成。

28. 华夏古地块：位于华南的一个古陆块。主要分布于现今粤闽中东部和浙南东部。

29. 黄山：黄山山体主要由燕山期花岗岩构成，垂直节理发育。

30. 黄土高原：位于中国中部偏北部的第二阶梯之上，为中国四大高原之一。它上面主要覆盖着风尘堆积。

31. 季风：大陆和海洋的增热和冷却程度不同，大陆和海洋之间的风向会随季节变化有规律地改变，称为季风。

32. 加里东运动：古生代早期，寒武纪与志留纪之间发生了一系列地壳运动，以英国苏格兰的加里东山命名。

33. 间冰期：与冰期相对应的气候暖期。

34. 江南造山带：在扬子克拉通与华夏地块之间，有一套浅变质、强变形的新元古代巨厚沉积–火成岩系。

35. 井冈山：地处湘东、赣西边界的山脉，被誉为“中国革命的摇篮”。

36. 喀斯特地貌：水溶解CO_2，具有弱酸性，能溶蚀可溶性岩石，形成的地表和地下形态的总称。包括喀斯特漏斗、落水洞、溶蚀洼地、喀斯特盆地与喀斯特平原等等。

37. 克拉通：是英文craton的音译，指大陆地壳上长期稳定的古陆核。

38. 老山界：又名越城岭、瑶山，是五岭之一。

39. 六盘山：在宁夏回族自治区西南部、甘肃省东部有一座近南北走向的狭长山地。是中国最年轻的山脉之一。

40. 龙门山断裂带：龙门山断裂带自东北向西南沿着四川盆地的边缘分布。

41. 陆壳：是大陆地壳的简称，由硅铝质组成，平均厚35千米，最深可达70～80千米。

42. 罗霄山：位于湖南省和江西省交界处的山系，是湘江和赣江的分水岭。

43. 蒙古高原：泛指亚洲东北部高原地区。

44. 苗岭：位于中国贵州省的山系，是珠江水系与长江水系的分水岭。因苗族集中聚居而得名。

45. 盆地：地球表面相对长时期沉降的区域。

46. 青藏高原：中国最大、世界海拔最高的高原，被称为“世界屋脊”和“第三极”。

47. 软流圈：在地下60～250千米，受高温作用，岩石以半黏性状态缓慢流动，故称软流圈。

48. 石灰岩：以方解石［碳酸钙（$CaCO_3$）］为主要成分的碳酸盐岩。

49. 水系：流域内所有河流、湖泊等各种水体组成的水网系统。

50. 塔里木盆地：处于天山、昆仑山和阿尔金山之间的内陆盆地。

51. 太古代：距今40亿～25亿年的地质时代。

52. 太平洋板块俯冲：太平洋板块俯冲到周边的陆壳和洋壳之下。

53. 武夷山：位于江西与福建西北部两省交界处的山系，主体是白垩纪晚期形成的红色砂岩，具有独特的地貌类型。

54. 夏季风：是指夏季由海洋吹向大陆的盛行风。

55. 向斜：向斜是褶皱构造向下弯曲拗陷的部分。

56. 新元古代：是地质年代中的一个代，跨越距今10亿～5.4亿年。

57. 雪峰山：位于湖南省西南部到中部，呈西南—东北走向，是中国地形第二级向第三级阶梯过渡的标志性大山之一。

58. 雪山：常年积雪的高山。

59. 雪线：年降雪量与年消融量相等的平衡线。

60. 燕山期：侏罗纪至早白垩世早期的构造期。

61. 扬子克拉通：我国三大克拉通之一。主要包括四川、湖北、贵州及云南东部等地区。

62. 扬子地块：又名扬子克拉通。

63. 洋壳：大洋型地壳的简称。

64. 云贵高原：包括云南省东部、贵州全省、广西壮族自治区西北部和四川、湖北、湖南等省边境。

65. 造山带：地表不同块体相遇时，地壳挤压收缩所造成的狭长强烈构造变形带，往往在地表形成山脉。

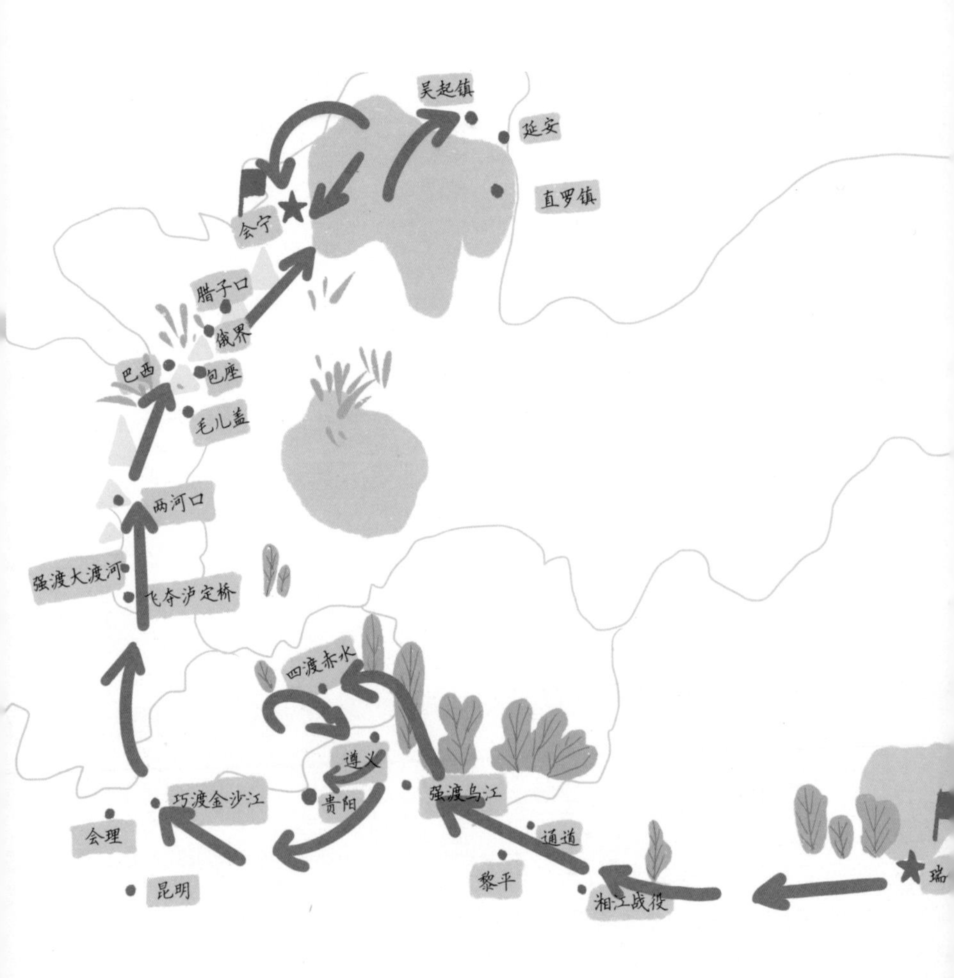

后　记

在中国共产党的发展历程中，凝聚了很多流芳百世的伟大精神，并已经沉淀到中华民族的文化之中。其中，长征体现了中华民族百折不挠的精神，是支撑中华民族伟大复兴的强大精神力量。

两万五千里长征，实际走的路程远比这还要长。本书近5万字，在书写的过程中，每个字都代表着红军战士流血、流汗的每一里路。中央红军出发时有86000人，长征结束时只剩下7000多人。如果再加上长征途中招募的新兵人数，从赣南于都集结出发的中央红军的折损率达到90%以上，这是一个惊人的数字。

如果没有革命的乐观主义精神、没有克服困难的英雄气概、没有为民族解放和复兴而奋斗的牺牲精神，很难想象，这样一群年轻人，能够在茫茫的丛山峻岭中，始终保持前进的方向，并最终走到胜利的终点。

中国共产党已走过一百个春秋，我们从另外一个角度来重新审视长征之路。在山水间，表达我们对革命先烈的哀思与敬仰。在新时代，我们再次用长征精神武装头脑，克服各种困难，为实现中华民族伟大复兴而奋斗。

路漫漫其修远兮，

吾将上下而求索！

感谢南科大党委书记李凤亮教授作序；感谢南科大马近远博士对本书内容提出宝贵修改建议；感谢南科大叶云女士、中国海洋大学姜兆霞博士、南科大盖聪聪博士仔细审阅稿件；感谢南科大树礼书院开展的“重走长征路”活动给我的启发和灵感；感谢南科大党委、宣传与公共关系部、组织统战部及工学院党委的大力支持！

刘青松

2022年4月